永康铸铁技艺

总主编 陈广胜

浙江省非物质文化遗产代表作丛书

陈广寒 编著

浙江古籍出版社

前言

浙江省文化广电和旅游厅党组书记、厅长 陈广胜

中华文明在五千多年的历史长河里创造了辉煌灿烂的文化成就。多彩非遗薪火相传，是中华文明连续性、创新性、统一性、包容性、和平性的生动见证，是中华民族血脉相连、命运与共、绵延繁盛的活态展示。

浙江历史悠久、文明昌盛，勤劳智慧的人民在这块热土创造、积淀和传承了大量的非物质文化遗产。昆曲、越剧、中国蚕桑丝织技艺、龙泉青瓷烧制技艺、海宁皮影戏等，这些具有鲜明浙江辨识度的传统文化元素，是中华文明的无价瑰宝，历经世代心口相传、赓续至今，展现着独特的魅力，是新时代传承发展优秀传统文化的源头活水，为延续历史文脉、坚定文化自信发挥了重要作用。

守护非遗，使之薪火相续、永葆活力，是时代赋予我们的文化使命。在全省非遗保护工作者的共同努力下，浙江先后有五批共241个项目列入国家级非遗代表性项目名录，位居全国第一。如何挖掘和释放非遗中蕴藏的文化魅力、精神力量，让大众了解非遗、热爱非遗，进而增进文化认同、涵养文化自信，在当前显得尤为重要。2007年以来，我省就启

动《浙江省非物质文化遗产代表作丛书》编纂出版工程，以"一项一册"为目标，全面记录每一项国家级非遗代表性项目的历史渊源、表现形式、艺术特征、传承脉络、典型作品、代表人物和保护现状，全方位展示非遗的文化内核和时代价值。目前，我们已先后出版四批次共217册丛书，为研究、传播、利用非遗提供了丰富详实的第一手文献资料，这是浙江又一重大文化研究成果，尤其是非物质文化遗产的集大成之作。

历时两年精心编纂，第五批丛书结集出版了。这套丛书系统记录了浙江24个国家级非遗代表性项目，其中不乏粗犷高亢的嵊泗渔歌，巧手妙构的象山竹根雕、温州发绣，修身健体的天台山易筋经，曲韵朴实的湖州三跳，匠心精制的邵永丰麻饼制作技艺、畲族彩带编织技艺，制剂惠民的桐君传统中药文化、朱丹溪中医药文化，还有感恩祈福的半山立夏习俗、梅源芒种开犁节等等，这些非遗项目贴近百姓、融入生活、接轨时代，成为传承弘扬优秀传统文化的重要力量。

在深入学习贯彻习近平文化思想、积极探索中华民族现代文明的当下，浙江的非遗保护工作，正在守正创新中勇毅前行。相信这套丛书能让更多读者遇见非遗中的中华美学和东方智慧，进一步激发广大群众热爱优秀传统文化的热情，增强保护文化遗产的自觉性，营造全社会关注、保护和传承文化遗产的良好氛围，不断推动非遗创造性转化、创新性发展，为建设高水平文化强省、打造新时代文化高地作出积极贡献。

目录

前言

序言

一、概述

[壹] 铸铁的概念 / 008

[贰] 永康的地理人文 / 009

[叁] 永康的五金工艺史 / 017

二、永康铸铁追本溯源

[壹] 铁的历史 / 028

[贰] 永康金属铸造的传说与源流 / 034

三、永康铸铁的工艺流程

[壹] 永康铸铁的组织形式 / 044

[贰] 永康铸铁工艺流程 / 052

[叁] 永康铁壶铸造工艺 / 070

四、永康铸铁产品的分类、使用和保养

[壹] 永康铸铁产品分类 / 078

[贰] 铸铁锅的使用与保养 / 080

[叁] 铸铁壶的使用与保养 / 082

五、永康铸铁技艺的改进与发展

[壹] 永康铸铁技艺的不断提升 / 086

[贰] 永康铸铁代表性企业 / 089

六、永康铸铁的价值

[壹] 记录了铁器铸造的历史 / 104

[贰] 承载了中华民族的文化元素 / 107

[叁] 展现了手工技艺的精深 / 108

[肆] 满足了社会生活的需求 / 109

[伍] 推动了地域经济的发展 / 110

七、永康铸铁技艺的传承与保护

[壹] 永康铸铁技艺代表性传承人 / 114

[贰] 永康铸铁技艺存续现状 / 127

[叁] 永康铸铁技艺保护成效 / 130

[肆] 保护规划 / 132

[伍] 发展与展望 / 134

后记

永康历史悠久，山川秀丽，人杰地灵，文化灿烂。从域内湖西、庙山、太婆山等遗址出土的大量历史遗存，有力地证明了早在新石器时期，人类的祖先就已在永康这片土地上繁衍生息。自三国吴赤乌八年（245）置县以来，至今已有1700多年的历史。在这里有黄帝采铜铸鼎的美丽传说，有春秋铸剑、汉造弩机、唐铸铁铳的实物记录。

永康地处浙江中部低山丘陵地带，素有"七山一水二分田"之说。由于人多田少，自古以来，永康就有"千秧八百，不如手艺伴身"的谋生理念，故多五金工匠，使永康成为著名的"百工之乡"，创造了灿烂的五金文化。经过不断的创新和发展，永康五金也成为浙江省颇具地域特色的重要产业之一，其影响波及全国，辐射世界，永康也成为了著名的"五金之都"、全国首个"中国五金工匠之乡"。永康五金正在从质量、规模、品牌、科技、影响力等诸多方面向世界级靠拢，努力把永康打造成为"世界五金之都"。永康铸铁是永康五金行业中极为重要的一行，是永康五金文化的重要组成部分，是我国主要的民间铸铁行业生产基地之一。

永康铸铁历史悠久，工艺精良，所铸产品坚固实用，美观大方，应用广泛，具有较高的历史文化和工艺民生价值，有着鲜明的地方和民族特色。其制品保留着丰富的从农耕文明到现代文明的印记，是研究社会发展史的宝贵遗产。随着社会的发展，工业化水平的不断提高，历史赋予永康铸铁新的要求和发展机遇，在继承传统的基础上，永康铸铁及时地进行了集约化、规模化的改造，取得了很好的业绩。

本书作为浙江省非物质文化遗产的代表作之一，系统、翔实地介绍了永康铸铁的基本内容。全书分为历史渊源、工艺流程、产品分类、改进发展、主要价值、传承保护等章节，相信本书能帮助广大有色金属制造爱好者更好地了解永康铸铁工艺。

进入21世纪以来，传统的小五金不断向现代五金转化，包括铸铁锅、铸铁壶在内的从小型到大型、从简单到复杂的永康五金产品，琳琅满目，应有尽有。永康已经成为中国五金产品生产、销售的集散地，被称为五金购物的天堂。我们相信，随着《永康铸铁》的出版，不仅能吸引更多的有识之士参与到非物质文化遗产的保护、传承事业中来，同时也会让更多的海内外人士走进永康，感受永康五金的魅力，感受永康铸铁的魅力，为永康五金进一步融入世界推波助澜。

保护精神家园，传承民族薪火，坚持"保护为主，抢救第一，合理利用，传承发展"的非遗保护方针，是时代赋予我们的光荣职责，在这一方针指引下，永康铸铁这一古老的传统技艺，能更好地焕发出时代的光芒。

永康市文化和广电旅游体育局局长

一、概述

永康是著名的百工之乡，在悠久的历史中，永康形成了深厚的铸铁文化，并造就了今天永康以机械产业为主导的区域特色经济。

一、概述

[壹] 铸铁的概念

铸铁，是指将生铁通过高温熔化，重新熔炼成铁、碳，和硅组成铁合金，铸造成各种器具的过程。按照碳存在的形态，可分为灰口铸铁、白口铸铁、麻口铸铁和球墨铸铁。灰口铸铁，碳全部或大部分以片状石墨的形态存在于铸铁中，其断口呈暗灰色，故被称为灰口铸铁。其熔点在 1145℃～ 1250℃之间，碳含量较高，一般可在 2.7%～ 4% 之间，凝固时收缩量小，抗压强度和硬度接近碳素钢。由于片状石墨的存在，灰口铸铁耐磨性好，铸造性能和切削加工较好。白口铸铁，碳除少数熔于铁素体外，其余都以渗碳体的形式存在于铸铁中，其断口呈银白色，因此而得名。白口铸铁凝固时收缩大，易产生缩孔、裂纹，且其硬度高、脆性大，不能承受冲击载荷，易断裂。麻口铸铁，一部分碳以石墨形式存在，类似于灰口铸铁，另一部分以自由渗碳体形式存在，类似白口铸铁，其断口呈黑白相间的麻点，麻口铸铁之名由此而来。麻口铸铁不易加工，性能也不好。球墨铸铁，是通过球化和孕育处理得到球状石墨，从而有效地提高机械性能，特别是提高铁的可塑性和韧性，从而得到比碳钢还高的强度，属于高强度的铸钢。

传统的永康铸铁以灰口铸铁为主，具有悠久的历史，文化内涵丰富，有黄帝南巡，在石城山采铜铸鼎的美丽传说；有春秋铸剑、汉造弩机、唐铸铁铳的实物记录。永康是著名的百工之乡，五式工匠齐全，其中尤以五金工匠为最，铸铁则是其中重要的一门工艺。故认为，永康是我国主要的民间铸铁行业生产基地之一，是永康五金文化的重要组成部分。

[贰] 永康的地理人文

永康地处浙江中部，地理位置介于东经 119°20'31" 至 120°20'40"，北纬 28°45'31" 至 29°06'19" 之间。东与磐安县接壤，南与缙云县毗邻，西与武义县相接，北与义乌市相依，东北与东阳市交界。总面积为 1049 平方千米。截至 2021 年 9 月，有户籍人口 61.5 万。加之被称为新永康人的外来务工人员 54.4 万，两者相加，现居住、生活、工作在永康的人口共有 115.9 万。辖 11 个镇，3 个街道，1 个省级经济开发区，1 个省级现代农业装备高新科技产业园区，1 个江南山水新城。

三国吴赤乌八年（245），分乌伤县南界上浦乡置县，并以"永康"两字名之，大约寄托着吴大帝孙权对此地乃至整个吴国"永远繁荣富裕安康"的期许之意，是为永康置县之始。唐武德四年（621）擢永康县为丽州，四年后，州废复为永康县。唐天授二年

（691），析永康县西境置武义县，万岁登封元年（696），再析永康
县东南境置缙云县。民国二十六年（1937），置磐安县时，又将永
康县东部之内外孝义乡地域划归为磐安县管辖。1992年，经国务
院批准，永康撤县设市。自置县到设市，永康至今已经走过了近
1800年的历程。

　　永康地属低山丘陵地带，括苍山与仙霞岭余脉在这里交汇融
合，钱塘江与瓯江水系在这里分流。四周多崇山峻岭，中间为河
谷平地，自然形成了自东南北向中西部倾斜的盆地之貌，是为浙

永康城区一瞥（林群升摄）

江十大盆地之一。属亚热带季风区，四季分明，气候温和，雨量充沛，光照充足，适宜各种亚热带作物的生长。

永康地势险要，自古以来就是古婺州通往处州、台州的交通要道，经此可直达瓯闽，是沟通浙中腹地与东南沿海的冲要所在，历来为兵家所必争。到如今，金温铁路、金台铁路，金丽温、东永、金台高速公路在永康交汇，使永康成为浙中地区主要的交通枢纽。

秀丽的山川，孕育了许多奇峰秀谷，碧涧清流，同时也孕育

了永康丰富多彩的人文景观和历史遗存。2010 年和 2012 年，浙江省文物考古研究所与永康市博物馆联合，在永康市江南街道湖西村东南部的湖西遗址，东城街道苏溪村的庙山遗址，开展了考古发掘，出土了炭化小穗轴和炭化米，以及粗泥红衣陶盘、双耳罐和大口盘等陶器和彩陶片。植物考古学家郑云飞、考古学家蒋乐平等在其《稻谷遗存落粒性变化与长江下游水稻起源和驯化》论文中说："湖西遗址位于中国东部浙江省中部永康市，海拔 100 米的丘陵地带。遗址为旷野遗址，是一处新石器时代早期的文化堆积，厚约 1.5 米，发现了灰坑、水井等遗址，出土了红衣夹炭陶、石磨盘、石球等器物，以及动物骨、木炭、稻米等有机质遗存。

永康湖西遗址出土的灰坑

对遗址出土的炭屑进行 AMS
测定结果显示，该遗址年代距
今 9000~8400 年，属于新石
器时代早期文化——上山文化
的中晚期遗址。""当时的水

永康湖西遗址出土的陶器

稻栽培已经历经了野稻生产的栽培初级阶段，进入了系统栽培阶
段。"这说明了早在 9000 年前的新石器时代，人类的祖先就在永
康这片土地上繁衍生息、狩猎耕种，并已经开展水稻栽培的经济
活动了，也足可证明永康是水稻栽培的起源地之一。

　　华溪是永康的母亲河，发源于永康北部的五指岩密浦山，流
经城区与南溪汇合后称永康江，史上曾称为永康港，经武义过金
华后汇入钱塘江。南朝著名诗人沈约曾有《泛永康江》诗云："长
枝萌紫叶，清源泛绿苔。山光浮水至，春色犯寒来。临睨信永矣，
望美暖悠哉。寄言幽闺妾，罗袖勿空裁。"抒发了对永康山水的赞
美。据史料记载，明清至民国时期，永康江尚可通木帆船及竹筏，
沿水道可直通金华府，再过兰溪出七里泷而直达杭州。往西可溯
水而上，到达衢州。台州、处州的山货由陆路送至后，可以在永
康码头装船，运往浙江各地或更远的地方；浙江腹地的商品货物
也会在永康卸船上岸，再由人力挑送到台、处各地。尤其是仙居
的食盐，过苍岭送到永康盐埠后，装船运往浙江各地及江西、安

徽等地，这使永康成为当时重要的食盐中转站，商贸繁荣，会馆林立。

方岩山，为浙东名山。唐大中四年（850），天台山国清寺正德禅师云游至此，见尚处原始状态的方岩山赤壁千丈，拔地而起，四面如削，雄伟险峻，峥嵘突兀。遂攀藤凿石，援木搭桥，于山顶结庐为庵，创建大悲寺，首开释氏香火。宋治平二年（1065），始改寺额为"广慈"。紧挨广慈寺西侧有胡公祠，祀北宋名臣胡则。

胡则，字子正，宋端拱二年（989）登进士第。他一生宦海沉浮。相传他曾奏免衢婺两州身丁钱，百姓感其恩德，在他死后为其立庙。自宋至今，香火长盛不衰，逐渐发展成了规模宏大、影响深远的方岩庙会。2011 年，方岩庙会被列入国家级非物质文化遗产名录。

五指岩风光（陈广寒摄）

在方岩山西北约 1 千米处，有鸡鸣、桃花、覆釜、瀑布、固厚五座拔地而起的奇峰，呈环状拱立，筑成了俨如城郭的丹霞翠谷，被人称为寿山。进入其间，只见绝壁千仞，飞瀑流泉，奇特壮观；林木葱茏，鸟鸣蝉唱，凉风习习，清爽宜人。崖石间有大小不一的石窟群，皆高大轩敞。洞内支木为梁，不施椽瓦，即洞为屋，建成楼阁。清道光《永康县志》载，宋淳熙间，学者朱熹、吕祖谦、陈亮曾在此设席讲学。石壁间至今尚留有"兜率台"三个朱书大字依稀可辨，相传为朱熹手书。文风盛极一时，即后人称之为"五峰书院"者。

方岩风光

胡公神像（林群升摄）

陈亮，字同甫，学者称为龙川先生，思想家、文学家。

以他为代表的"永康学派"，强调务实经世，富国强兵；反对空谈误国，无所作为。其思想为"浙江精神"提供了重要的历史文化内涵，是"浙学"的重要组成部分。他所倡导的"农商一事""农商相藉"的理论，被视为永康五金经济的哲学理论基础。有学者认为，陈亮的"农商相藉"理论，是

五峰书院（陈广寅摄）

永康手艺人的哲学，从小处而言，足以帮助永康手艺人发家致富；从大处来讲，足以使民富国强。于是，他的思想被认作为永康经济发展模式的理论渊源。

五峰书院陈亮雕像（陈广寅摄）

[叁] 永康的五金工艺史

永康山多田少水更少，素有"七山一水二分田"之说。加之其人口众多，土地贫瘠，在过去生产力低下的农耕时代，仅靠种田，连吃饭都不容易，百姓生活相对艰难。这迫使人们只能在耕种有限土地之余，学会一门手工技艺游走他乡讨生活。正所谓"一方水土养一方人"，自古以来，在永康民间就有"千秧八百，不如手艺伴身"（旧时永康人以"把"为田的计量单位，1亩为60把，"千秧八百"指1000把或800把）的谋生理念，以掌握一门手艺为荣，这使永康成为著名的"百工之乡"。

清道光《永康县志》载："土石竹木，金银铜铁锡皆有匠……织布裁衣，锢露（浇铸），多鬻技他乡。"永康工匠齐全，涵盖生产、生活的方方面面，其中尤其以五金工匠为最，且名师辈出，巧匠众多。明清以来，永康每年都有成千上百的各式工匠出门在外，走南闯北，游走他乡。他们肩挑行担，走街过巷，足迹所至，几乎遍及全国。有民谚云："府府县县不离康，离康不是好地方。"府与县是旧时的行政建制单位，永康人走遍全国各地，他们不愿去某地，大抵是因为那里贫困，没钱可赚。据1991年版《永康县志》载："五金工匠，包括手工或以手工为主的从业人员，民国十八年有4827人，二十五年5931人，三十七年9295人。1949年达9609人……1954年增至11980人，1983年达3万多人。"

具有代表性的永康传统五金工艺主要有：

永康锡雕，俗称"打镴"，是永康五金行当中一门重要的传统手工技艺，具有悠久的历史，据1991年版《永康县志》载，打锡，发展于五代，盛行于明清至民国。永康锡雕工匠除少量开有店铺作坊外，大多以走村串户、上门加工为主。每当春节过后，他们即肩挑炉子和箱笼，带着锡艺制作工具，跋山涉水，远走他乡，寻找活计，足迹遍及大江南北。传统永康锡雕制品为纯手工制作，造型典雅、雕刻细腻。制作过程要经过选锡、熔锡、浇锡板、画图样、裁剪、敲打、焊接、锉磨、抛光、雕刻等十多道工序，作品种类有婚嫁日常用品、祭祀礼器、仪仗道具、摆件饰品等。

永康锡雕制品（一）（叶文彬摄）

永康锡雕制品（二）（叶文彬摄）

永康铜艺，俗称打铜。永康铜艺工匠同锡雕工匠一样，除少数开有店铺外，多数都无固定作坊，以肩挑担行、上门加工为主。除打制铜壶、铜罐、铜火锅、铜面盆、铜碗、铜门环、水烟筒等各种生活用品外，还可以修补各种旧铜件、补铁锅、修锁等。

永康打铁技艺历史悠久，据1991年版《永康县志》载，相传唐代方岩有人招募铁匠打制菜刀、剪刀和锄头，设铺出售，顾客竞相购买。元代，永康铁锁曾成为贡品。明末，郑成功军中有永康铁匠王某，为其打制刀、斧、剑、锤等兵器。清代，永康铁匠已能打制无缝管用于制作火铳。民国时期，永康铁匠以打制农具、

永康铜艺制品（一）（陈广寒摄）

永康铜艺制品（二）（叶文彬摄）

手工工具和生活用品为主。中华人民共和国成立初期，永康打铁工匠有增无减，有1万多人，铁艺制品达千余种，以农业生产用具、日常生活用具、各式工匠工具为主。永康铁匠有开设铁匠铺和上门加工打行炉两种经营模式。打铁属重体力劳动，需要两人协作进行，称为上下手，上手为掌钳师傅，握小锤；下手为徒弟，抢大锤。技艺高低，主要取决于上手师傅。铁器制件分为快口，如砍柴刀、斧子、菜刀、剪刀，以及锄头等；非快口，如铁钳、铁锤等。快口铁件，要在纯铁加热至通红后衔入适量的钢，然后回炉加温至近熔点（俗称煮火），接着迅速取出进行锻打，使铁与钢融合。铁件打制好后，还要经过锉、铲、磨等冷作和淬火等工序。

　　永康打金打银技艺源出于铜锡打制技艺，因为铜锡与金银质地相近，工艺也较为相通。永康打金打银有熔铸、锻打、拉丝、打模、整形、回火、焊接、清洗、精整等工序。金银制品体量小、工艺精细、难度较高，所以行内流传着"学会容易学好难，学精手艺难上难"的俗语。其主要作品有古时的凤冠、发箍、龙凤金钗、金杯、银盒等；现代作品主要是戒指、耳环、项链、手镯、脚镯、项环、耳坠以及雕刻银壶、银碗等。

　　有道是"在家千日好，出外半朝难"，永康工匠长期出门在外，用自己一技之长为当地百姓制作加工各种生活、生产的器具，以换取微薄的报酬，经常过着风餐露宿的艰苦生活。艰难的环境，

永康打铁技艺 （叶文彬摄）

造就了永康人吃苦耐劳、坚韧不拔、勤奋节俭、努力进取的精神，

又因为有多地漂泊的经历，他们对各地的风土人情、文化特色和手工技艺都有所了解，从而成为见多识广的人。经过吸纳消化、改良发展，永康的手工技艺更富有了自己的特色，很快就能制作出适合当地民俗的产品，受到广大用户的欢迎，从而促进了永康五金文化呈多元化发展。

永康银壶 （陈广寒摄）

　　传统五金工艺的优势，造就了永康五金以机械产业为主导的区域特色经济。改革开放以来，永康人迎来了发展的大好机遇，他们迫不及待地放开手脚，把长期积累的能量释放出来，充分发挥他们的聪明才智，纷纷回到家乡兴办工厂，产品从低档逐步向高新领域发展，使永康经济得到了迅猛的腾飞，五金产业成为永康的支柱产业。全市现有五金机械企业1万多家，产品涵盖机械五金、日用五金、建筑五金、装潢五金、工具五金、小家电五金、计量五金、休闲运动五金等2万多个品种。五金工业产值占全市工业产值90%左右，上缴税收占全市财政收入90%左右。永康口杯类产品年产4亿多只，占全国总产量的90%；休闲运动车年产450万辆，占全国总产量的80%；安全门日产3万扇，占全国总产量的80%；不锈钢餐具系列用品占全国总产量的62%；日用衡器产量占全国总产量的55%；电动工具产量占全国总产量的43%等。永康已成了闻名海内外的五金之都，并且同时拥有"中国门都""中国口杯之都""中国电动工具之都""中国休闲运动车之都""中国家居清洁用具之都""中国饮具之都"和"中国五金工匠之乡"这"七都一乡"八个国字号招牌。永康已经连续15年位列全国百强县市，连续七次蝉联全国科技先进市。永康位列"中国新百强县"第9位，营商环境位居全国第24位，是浙江高质量发展建设共同富裕示范区第二批试点地区之一。

024
永康铸铁技艺

永康五金博览会 （林群升摄）

二、永康铸铁追本溯源

铁的发现与使用在我国有着非常悠久的历史，关于永康铸铁的源头，也有着各种美丽的传说，以及相关的历史记载和文物见证。

二、永康铸铁追本溯源

铁的发现促进了铸铁制品的产生，伴随着人类文明的发展而发展。经过几千年的传承与发展，铸铁制品已广泛地应用于人们的日常生活、生产的广大领域，成为国民经济的重要组成部分。

[壹] 铁的历史

铁是地球上一种具有银白色光泽的高熔点的重金属，元素符号 Fe。铁的延展性良好，纯铁的磁化和去磁化都很快。含有杂质的铁在潮湿的空气环境中易生锈，加热时能同卤素、硫、磷、硅、碳等非金属反应，但不能同氮直接化合。将含铁的矿石、焦炭加助燃剂，置于高炉中冶炼可得到铁，其中常含有碳、硫、硅、磷等元素。按《辞海》：根据碳含量的不同，铁可分为生铁、工业纯铁和钢。生铁，亦称为铸铁，其碳含量在 2% 以上；工业纯铁，含碳量一般在 0.025% 以下。生铁不能锻造，只能用于铸造；纯铁可用于锻打各种生产、生活器具及机械设备。钢的含碳量在 0.025% ～ 2.06% 之间。根据含碳量的不同，钢可以分为含碳量 ≤ 0.25% 的低碳钢、含碳量为 0.25% ～ 0.6% 的中碳钢和含碳量 > 0.6% 的高碳钢；按质量可分为普通钢、优质钢、高级优质钢；

按用途分为结构钢、工具钢、特殊性能钢等。

铁的发现与使用在我国有着非常悠久的历史，以出土文物为依据，可以追溯到商朝前期。据郑宝琦主编，1993年学林出版社出版《中国古代通史》载：1972年在河北藁城台西村出土了一件商朝前期的铁刃铜钺；1977年在北京平谷刘家河出土了一件商朝前期的铁刃铜钺。此外，1931年，河南浚县出土（后被掳至美国）一件西周前期的铁刃铜钺和一件铁援铜戈。虽经过专家对金相的分析，这些铁刃和铁援都是用陨铁加工合铸而成，不是人工锻炼，却也足以证明在那时，人们已经认识铁，使用铁了。

《左传·昭公二十九年》中，记载了晋国用铁铸刑鼎的事，所用之铁是作为军赋向民间征收的，说明在春秋时期的晋国，铁在民间的使用已经相当普遍了。也证明当时已经有了铸铁技艺的存在。齐灵公（前581—前554）时的《叔夷钟铭》中，亦有关于铁的文字记载，说明齐灵公时齐国的冶铁已有相当的规模。考古工作者先后在湖北、湖南、河南、山西、江苏等地，发掘了许多属于春秋时期的铁刀、铁剑、铁削、铁镈、铁臿、铁铧以及铁条、铁块等文物，说明春秋时期的周、晋、齐、吴、楚、越等诸侯国的铁器使用已经相当的平常了，人类进入了早期铁器时代。按《辞海》，铁器时代，实际指早期铁器时代，是考古学上继青铜时代之后的一个时代。到了晚期铁器时代，人们已能冶炼铁和制造铁器作为生产工具。由于铁矿分布较广，铁的硬度和韧性较高，铁器的出现最终排除了石器，并促进生产力的发展。中国在春秋晚期（前5世纪）大部分地区已使用铁器。

战国时期，由于冶铁技术的发展与进步、冶铁手工业规模的扩大，铁器的使用得到了空前的发展。不仅在中原地区有大量的铁制器具出土，在巴蜀、两广、辽东、新疆等地也都有铁器发现。在河南辉县固围村的5座战国墓葬中，出土了犁、锄、镰刀、斧、凿等90余件生产工具，以及矛、戟等兵器。河北兴隆一个战国后期的燕国冶铁手工作坊遗址中，出土了大批铁质铸范（型），共计48副，80多件，其中包括铁锄范、铁斧范、铁钁范、铁镰范等，并且多为复合范，构造复杂，制作精美。铁镰范还采用了叠铸法，可以一次铸造多把铁镰。这批铁范也成为我国迄今发现最早的铸铁实物。

秦汉以后，秦朝置有铁官来管理冶铁业，说明铁器已经取代青铜器。《史记·项羽本纪》载："项羽乃悉引兵渡河，皆沉船，破釜甑，烧庐舍，持粮三日，以示士卒必死，无一还心。"釜和甑都是当时的重要炊具，《辞海》"釜"条："古代炊具，敛口，圜底，或有两耳。其用如鬲，置于灶口，上置甑以蒸煮。盛行于汉代，有铁制，也有铜制和陶制。"

汉武帝时盐铁专卖，在弘农宜阳（今属河南）、河东安邑（山西夏县）、辽东平郭（今辽宁盖州西南）、蜀郡临邛（今四川邛崃）等48处产铁地方置铁官，主铸造铁器。在不产铁的地方置小铁官，铸旧铁。汉昭帝始元六年（前81）下诏，召集贤良文学六十余人，讨论盐铁官营制度，后诏罢郡国榷酤官和关内铁官，调整了武帝时的政策，并由桓宽根据讨论记录编纂了著名的《盐铁论》，成为我国有关盐铁的专门论著。根据出土文物，两汉时的铁制农具有犁、镬、铲、锄、镰、耙等三十多种，特别是铁犁就有铁口犁铧、尖锋犁铧、舌状梯形犁铧，甚至有重犁犁铧等，功能上比之前有了很大的改进和提高。

唐代，朝廷设有专门的衙门来管理盐铁等行业。《唐书·食货志》载："开元已后……盐铁使、度支盐铁转运使、常平铸钱盐铁使、租庸青苗使、水陆运盐铁租庸使、两税使，随事立名，沿革不一。"说明其时冶铸业有了很大的发展，光官府掌控的冶炼坊就有近两百处之多，冶铸技术已经有了较高的水平。据载，武则天时铸造的洛阳天枢，用铜铁200万斤，底座铁山高105尺，直径12尺，八面各径5尺，铸周170尺，并以铜浇铸成蟠龙、麒麟萦绕四周的天枢。又如唐玄宗开元十三年（725），为稳固黄河蒲渡津浮桥，浇筑铁牛4尊、铁人4个、铁山2座、七星铁柱1组。据测算，铁牛每尊重30吨，牛腹下底盘和铁柱各重约40吨。铁牛高1.9米，长约3米，宽约1.3米。四铁牛形态各异，造型生动，两眼圆睁，前腿作蹬状，后腿作蹲伏状，矫角、昂首，体型矫健强壮。在铁牛的上下部位均有铸范缝痕迹，体现出很高的铸造技能。铁人形状逼真，形态各异。七星铁柱仿天上北斗七星布置，充分体现了古人的智慧。

铁壶的历史可追溯到秦汉时期，当时就已经有文字记载，其雏形为铁釜。到了唐代，经茶圣陆羽《茶经》的介绍推广，中国茶文化取得里程碑意义的发展，铁釜也成为最为流行的煮茶器具。随着与日本日益频繁的文化交流，制釜工艺和种茶、制茶技术，被日本僧人带回日本。

进入宋代，冶铁规模和铁的产量都远远超过了唐代，北宋时已经能够用生铁液灌注熟铁的灌钢法进行炼钢。

北宋末，大批北方人迁移到南方，这使南方生产技术，生产力得到迅速发展，并开始超过北方，冶铁业在原来的基础上也得到了进一步的发展，广东、湖南、浙江等地的铸铁都以质地良好而著称。

南宋时期，海上丝绸之路十分发达，通商的国家多达 50 个以上，输出的货物除丝绸、瓷器外，还有铸铁制品。明州（今宁波）、泉州、广州是南宋三大对外贸易港口，特别是泉州港，是当时的著名国际商港。1987 年，考古工作者在我国广东阳江海域，发现了一艘距今 800 多年的南宋沉船，这也是我国发现的第一个沉船遗址。21世纪初，沉船被成功打捞出水，并命名为"南海一号"。经研究考证，其正是由泉州港驶出的商船。经清点，船上有18万件珍贵文物，除了钱币、金银器、陶瓷、丝绸等物品外，在沉船的第一层还发现了大量的铁锅。由此说明，在宋代，铁锅制作技艺已经非常成熟，在民间的应用也相当普遍。同时说明，在当时，中国的铁锅已经大量出口。

明代，冶铁业分官营和民营，官营的冶铁生产很不稳定。洪武二十八年（1395），因铁积压太多，朱元璋下诏停止官营炼铁，开放民间自由冶炼，朝廷按十五取一的标准征税，于是民营冶铁业得到了稳定的发展，铸铁工艺进一步走向成熟、细化。现存的明代铸件有铁铸太平缸、马槽、铁火盆、香炉等。明代著名科学家宋应星的《天工开物》一书，较为详细地描述了冶铁和铸铁工艺。除了能冶炼生铁外，当时还能冶炼熟铁和钢。明代在民用器物上的铸造有了进一步的发展，以铁锅业为例，明代所产铁锅光滑匀薄，质坚耐用，不仅能满足国内供应，而且还有大量出口。

清朝的冶铁业大都是民间出资，招募劳工开挖矿石进行炼铁。如广东的铁厂，在明代的基础上又有了新的发展。佛山是当时广东的铁器制造中心，乾隆时，全镇有数十处炒铁炉，百余处铸铁炉，有铸铁、炒铁、制铁等行业。但由于清廷对铁在民间广泛使用流通有所顾忌，惧怕其被用作反抗的武器，于是颁布了限制铁的使用的条例；而因闭关锁国的政策，又有铁器运销出口的禁令，从而阻碍了冶铁业的发展。

民国时期的冶铁业，在清代的基础上，同样取得了一定程度的发展。其经营模式大多以官营为主，另外也有少量的民营铁厂。据有关资料，当时的官营铁厂有十多座，且都具有相当的规模。以汉阳铁厂为例，有日产 250 吨和日产 100 吨生铁的高炉各 2 座，日产 150 吨混铁炉 1 座，日产 30 吨钢的平炉 7 座等。然而，军阀连年混战，之后日本侵略中国，致使华北、华东的大量铁厂都陷入日本人之手，这些因素直接阻碍了中国冶铁业的正常发展。

1949 年之后，面对我国冶铁业落后于世界的局面，党和政府采取了多项措施加强钢铁业的发展，使我国在钢铁产能方面一跃成为全球第一大国，粗钢产量占全球总量的 56.5%；铸造技术也有很大提高，既能铸造各种大型的铸件，亦能铸造各种先进的民用生产生活用品。

[贰] 永康金属铸造的传说与源流

永康铸铁具体始于何时，虽然没有明确的文字记载，却有着非常美丽的传说，以及许多历史文物和冶炼遗址。

永康城南有座石城山，山上群峰耸立，错落有致，状若城墙，山也由此得名。晋郭璞《山海经注》云："张氏《土地记》曰，东阳（金华）永康县南四里有石城山，上有小石城，云黄帝曾游此

石城山 （陈广寰摄）

山，即三天子都也。"黄帝南巡的故事，在永康民间广为流传。说黄帝南巡驻跸永康石城山，凿十八口井，建千户之居，教民营造，教民稼穑，采百药，疗万民。又采铜山之铜以铸鼎。之后在缙云仙都鼎湖峰乘龙升天，其部落中的一支遗民就留落在永康，成为永康的先民。从郭璞注《山海经》的论述中可以看出，此故事传说至少东晋时就已经在民间流传。又有南朝虞荔所撰《鼎录》一书载："金华山（永康石城山）黄帝作一鼎，高一丈三尺，大如十石瓮，像龙腾云。百神螭兽满其中。文曰'真金作鼎，百神率服'，复篆书，三足。"此说亦与民间传说吻合。于是，黄帝石城山铸鼎便被永康人视作当地精于五金工艺的源头，黄帝也成为永

吴越铜矿遗址

康铸铁的始祖。

传说中黄帝采铜铸鼎的铜山，位于永康城东五十里处，主峰高 767 米，因经盛产铜而得名。据说吴越王钱镠也曾亲自到这里视察采矿炼铜的情况，至今铜山仍有一条长约 6 公里、保留完好的过山古道，相传就是吴越王因为采矿运铜的需要而修建，因此被后人称为"钱王古道"。在方岩镇庙口村，建有吴越王钱武肃庙，至今保存完好，庙口村也因庙而得名。在铜山脚下，有钱盆塘、后浅（钱）、潜村等村庄的钱氏子孙，宗谱记载都是钱武肃王的后裔，说明钱镠与永康确实存在着深厚的渊源。

　　北宋年间，铜山之铜又进行了进一步的开采。据光绪《永康县志》载："铜山，距县五十五里，山故产铜，宋元祐中，置钱王、窠心二坑，课铜一十二万八千斤，宣和中以课不足额，废。绍兴中复置，课铜二千三百五十五斤，又以苗脉微渺，采亦无获，废。"

　　虽然说铜与铁是两种不同的金属，但从铸造技艺而言是相通的。永康博物馆收藏的铸造文物有战国时期的青铜剑，汉代青铜弩机、铜洗、铜镜，元代铜权等，皆工艺精美。

　　此外，永康还有明万历年间大中小铁炮三尊，珍藏在古山镇后塘弄一村。炮为无缝浇铸而成，有上中下三道铁箍，下配有底盘，盘穿一小孔，可装引信，为官员出巡时鸣锣、放炮、喝道之用。大铁炮通长 22.4 厘米，炮管高 19 厘米，底盘周长 34 厘米，口径 20 厘米；中铁炮通长 20.5 厘米，炮管高 17.5 厘米，底盘周长 34.8 厘米，口径 23.2 厘米；小铁炮通长 18.5 厘米，炮管高 12.4 厘米，底盘周长 28.8 厘米，口径 16.8 厘米。

　　我们虽然不

明代铁炮

能确认这些文物的确切产地，但既然在永康发现，总应该与永康有着一定的关联。

世间任何一种事物的产生，必然会有一个从产生到发展再到成熟的过程，涉及各种行业的技艺也一样。从它产生之日起，肯定要经过一个漫长的不断发展的过程，往往需要几代甚至几十代人的创造性努力，才能使技艺达到成熟、臻于完善。从这个意义去理解和认识，将永康铸铁的源头，上溯到更远的年代，也应该是可以的。

永康大后村，现属唐先镇管辖，据该村 2001 年编印的《大后村志》记载，南宋时，永康龙山胡氏家属曾从事铸铁业。20 世纪60 年代，在永康大后村修建大后寺坑水库副坝时，发现了许多旧时铸铁遗留的铁渣等遗物，印证了胡氏先辈从事铸铁的说法。

永康炉头村，自古以来就是著名的铸铁专业村，据炉头《杜氏宗谱》载，炉头原名青龙头，后因村里浇铸铁镬名声远扬，远近百姓都把该村称为"炉头"，久而久之，竟把"青龙头"的村名忘掉了。开镬炉、铸铁镬是该村先辈们最擅长的技艺，享有盛誉。到清乾隆后期至咸丰年间，村里的镬炉作坊向外扩展到缙云、云和、松阳、遂昌等地。到清末民初，炉头村的镬炉作坊已经延伸到江西、安徽、福建等省。

永康人应宝时，字敏斋。他在清咸丰年间任上海道台和江苏按察使期间，招收了一批永康工匠，并在上海、南京、苏州等地

《大后村志》（胡志强摄）

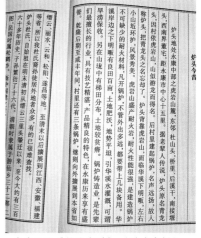

永康炉头《杜氏宗谱》（陈广宽摄）

开设打铁、打铜、打镴作坊，这些作坊仅在上海就有十多家，为当地百姓制作各种生活、生产用具。1991年版《永康县志》载，铸铁，早在清代就有一些工匠在县内外设坊建场，自制铸炉，从事翻砂浇铸食锅、秤钮、秤砣等，这些工艺相沿至今。

1949年至20世纪80年代，永康铸铁业也同其他五金手工技艺一样得到了快速发展。虽然铸铁需要一个团队开办镴炉作坊，事务繁琐，但因为是最为赚钱的行当之一，很快就形成了一个亲带亲、友带友的铸铁群体，使当时永康的炉头、堰头、宅口、黄店、桥里、杜山头、游溪塘、葛塘下、河南、河东、下店午、大后等村庄成为铸铁专业村。永康铸铁工匠开办的镴炉作坊，除遍布本省的县市乡镇外，还遍及江西、福建、湖南、安徽、江苏、上海等，为当地的生活、生产及经济发展作出贡献。

20世纪80年代后期，政府曾经号召人民公社创办社有集体企业，以发展地方经济。许多公社很快就成立了工业办公室，吸纳了一批手工业艺人来兴办企业，其中包括铸造厂、铸钢厂、锰钢厂之类的企业。这些企业后来因形势的发展，逐步转为民营企业。随着改革开放的逐步深入，国家允许私人创办企业，永康随之兴起了一股私人办厂的热潮。铸铁人中的一小部分仍在外地开

清乾隆铸铁磬　（永康博物馆藏，陈广寒摄）

民国铁壶

设镀炉作坊、加入当地地方企业，其他绝大多数都回到家乡创办私人铸铁企业，有的已发展成为今天的知名企业。之后的50年间，老一辈铸铁艺人相继谢世，仍健在的凤毛麟角，他们将技艺传承给下一代，事业也由下一代继承。新一代的永康铸铁人基本都有

高学历，理论基础扎实，具有很强的接受新事物的能力，这使他们可以带动铸铁行业向新的方向发展，永康铸铁也迎来了一个崭新的春天，成为永康大五金的重要一环。

三、永康铸铁的工艺流程

永康铸铁是一项需要多人协作的工艺，传统的永康铸铁主要以镬炉作坊的形式进行，形成了一套独特的组织形式。今天的永康铸铁在流程上更加科学，出品质量也更高。

三、永康铸铁的工艺流程

一直以来，人们称铸铁为"火里求财"的行业，它有着特殊性和复杂性，绝非单凭一二人之力，便可完成整个工艺流程，而需要多人配合，团队协同操作。传统的永康铸铁组织形式为镬炉作坊。

[壹] 永康铸铁的组织形式

1. 铸铁作坊的组建

永康铸铁必须要有一个固定的作坊。永康人称锅为"镬"，称开办铸铁作坊为"开镬炉"。开镬炉需要有一个较大的室内场地，以供铸炉、铸型、半成品清理修饰，若兼有翻砂作业，所需要场地更大。

镬炉开办之初，需要有较大的资金投入，以购置铸炉、铸型制作材料，铸铁原材料和燃料等物资。传统铸铁以手工操作为主，劳动强度很大，需要组织一个20人左右的工作班子，规模犹似一座小型的工厂。组成人员按各自的技术特长进行分工，在各司其职的前提下，实行团队的协作配合。具体组成人员为：

①掌炉师1人，为镬炉作坊的领军人物、负责人。需要有全

1981 年的永康长城乡葛塘下铸造厂

1989 年的永康长城铸造厂旧址

面的铸铁技艺造诣。主要职责为：观察掌握铸炉的火候，通过观察火候来判断铁液的熔化程度，判断是继续助燃提高温度，还是停止加温。当铁液出来时，掌炉师还要负责观察辨别铁液的成色好坏，并提出调整措施。

②把勺浇注师1人，主要职责为把勺浇注。当铸炉中铁液熔化完成，掌炉师确定可以进行浇注后，要马上将铁液从铸炉中倒在一把大铸勺里，再将之浇注进铸型中。把勺浇注师要求臂力强健，能做到提拿一勺铁液时双手稳健，浇注时精确对准铸型浇口，一气呵成。

③管塑（铸型）工2人，主要负责泥型的制造、管理及修复。

把勺烧注师在工作 （胡志强摄）

铸型直接关系着铸件的质量，稍不留神就会使铸件成为废品，可以说铸型是铸件的生命，因此，管塑工要有很高超的技艺。泥型经过一轮浇铸后，表面可能出现斑点、斑块或者裂痕等，需要管塑工及时修复处理，即使泥型没有破损，也必须在进行第二轮浇铸前重新涂刷上一层松烟灰，以保证不影响下一轮浇铸。

④加炭（煤）工2人，我国南方基本上没有煤炭出产，因此早期永康铸铁全部采用高山硬木炭做燃料熔铁。熔铁过程中木炭消耗很快，需要两个人不断往铸炉里添加木炭，以保证不影响温度。后来木炭改为焦炭，再后来改为无烟白煤，加炭工也随之改为加煤工。

⑤拉风助燃工2人，在鼓风机还没有普及之前，永康铸铁都用木质圆桶形大风箱拉风助燃。因铸炉所需风力很大，因此风箱也就制造得很大，拉推风箱需要两人轮流拉动推送。

⑥担镬工2～4人，担镬工实际上也是铁镬销售员，根据镬炉作坊经营规模的大小，担镬工的人数有所不同，但至少要有两人。旧时，在江西、福建、安徽等省份的偏远山区，铁镬的销售只能依靠人力担着铁镬挨家挨户推销。担镬工们有一套独特的推销技巧，他们会选择一处人员比较集中的场地吆喝叫卖，人聚拢得越来越多时，便会把一口铁镬倒扣在泥地上，再用一把大铁锤狠砸当中的镬肚脐（浇口），而铁镬完好无损；又或者手执镬的边

管塑工在工作 （何秋月摄）

沿，一边夸赞铁镬如何坚固耐用，一边将铁镬以旋转的方式高高抛起，使之端正地掉落在泥地上，铁镬同样完好无损。这种推销方式往往能引起人们的好奇，从而达到销售的目的。由于永康工匠铸造的铁镬设计合理，工艺精湛，铁镬从上到下、从左到右均厚薄均匀，只要重心端正，方法得当，任你怎么敲或抛，都不会发生破损。因此这一方面体现着担镬人的技巧，同时也反映出永康铸铁工艺的精湛。

开办锅炉作坊可以一个人单独投资，组成人员也可由其自行挑选。若一人无力承担投资，也可以多人合伙的形式开办作坊，俗称"拼伙"，类似现行的股份制企业。投资方式的不同，也意味着利润分配形式有所区别。个人投资的，通常由投资者与其他人以口头商定的形式，以半年或一年为一个工期，支付参与人员的工资报酬。合伙投资的，根据投入资金的比例进行利润分配。担镬工一般以销售业绩按件提取差价。

2. 铸铁作坊的习俗

"承诺重于山"是永康镬炉作坊一条不成文的行业规则。因为镬炉作坊是由多人配合团队作业，若中间突然少了某个工种的一个人，会影响整套操作，因此作坊对这一规则特别看重。镬炉作坊的组成人员都是事先经过口头协商、自愿组合而成，虽然没有文字凭证，却有很强的约束力，中途不准随意辞退，也不准人随

意离开跳槽。镶炉作坊之间，也不准随意挖走另一作坊的人。真
正要辞退人或有人要转到别家作坊的，必须要等到约定的工期做
满后方可离开。如果有谁违反这一规定，就会被行内视为无信誉
之人，从而遭到鄙视。

农历六月，天气炎热，镶炉作坊一般是不开炉的，主要是避
免作坊人员因炎热而体力不支，这段时间工人可以回家料理农活。
过年，是在外的永康人一定要回家的时间，叫做"人走千里不忘
家"。除了与家人团聚，还有一条是计划好明年的事项，旧的合伙
人是否需要调整，有什么人要离开，需要补充什么人，都要在过
年期间安排好，有要投师的学徒也会在这段时间里商定。一般到
"灯节"（元宵）以后，永康铸铁人又会背起行囊，开始新一年的
铸铁行程。

传统的永康铸铁以师徒制的方式进行传承。师傅一般在亲戚、
朋友等带有一定社会关系的群体之中选择徒弟，当家中的孩子长
到十几岁时，父母亲自出面或亲戚朋友介绍，带着孩子提着糕点、
酒、白糖、水果等礼品与师傅见面，师傅则趁此时间，对未来的
徒弟进行目测、盘问等形式的考察。当师傅同意将孩子收为徒弟
后，父母需再准备一份拜师礼品，选择吉日上门举行正式的拜师
仪式。旧时拜师，徒弟要向师傅行跪拜礼，所谓"一日为师，终
身为父"。师徒关系建立之后，即要跟师傅学艺三年，经历一个漫

长的言传身教的过程。这一过程中，徒弟必须遵守许多规矩。徒弟要先从作坊里一些最基础的活做起，比如敲炭粒子（炭粒子是铸炉里生成的结晶，坚硬无比，将它敲碎之后，再用米筛、糠筛逐层筛分粗细，以用于铸型制作）、拉风箱、加木炭等。烧饭、烧菜亦是徒弟应该做的事。吃饭时徒弟要先给师傅盛好饭，请师傅先吃，叫"师傅不动嘴，徒弟不动筷"。夹菜时，徒弟只能夹放在自己旁边的菜，且手不能越过菜碗，要从碗边夹，还要做到"食不出声，饭粒不落地"。并且徒弟要先于师傅吃完，等师傅吃好后，收拾碗筷，清洗干净。在这三年里，学徒的经历充分体现了"吃得苦中苦，方为人上人"的古训。此外，徒弟除了学艺之外，一般是没有报酬的。

三年期满，即为满师。徒弟要置办猪头鹅，由父母陪同到师傅家谢师，也叫回师门，设谢师宴以感谢师傅授艺之恩，至此才算正式出师。出师后如果还不能单独开设炉灶，徒弟可以继续留在师傅身边，或到其他镬炉作坊当半作老师，永康民谚有"三年徒弟，二年半作"之说。等自身条件成熟后，即可自行开设镬炉，进行铸铁经营。

这种师徒关系随着时代的进步而逐渐淡化改变，至今已形成了新型的符合时代的师徒关系。

3.铸铁作坊的行话

语言是人类最为重要的交际工具，有道是"十里不同风，百里不同俗"。在我国，因历史背景、地理环境的差异，各地方言都有独特的发音、特点。特别是在浙江省，几乎每一个县都有自己的方言。

永康工匠行话，又称为"自语"，是指永康工匠行业内部交流的专用语言，包括隐语和暗语。永康金、银、铜、铁、锡五金工匠的行话，虽略有差别，但大同小异，大致可以通用。行话随着时间、地点、环境和社会形势的变化而变化，有较大的自创性。若要问行话从何时产生，由何人开创，至今没有一个工匠能够讲出个子丑寅卯来，但产生和应用，应该有其独特的历史背景和现实需求。

主要行话举例如下：

打金——刮黄、打银——刮白、打铜——乱唷、打铁——刮硬、打镴（锡）——刮禾、做木（匠）——横木、钉秤——起衡、做篾（匠）——撬地栗、泥水（匠）——糊涂、砖瓦（匠）——老伴、做漆（匠）——油光、裁缝——趋斗笼

[贰]永康铸铁工艺流程

永康铸铁主要工艺流程有：铸型制造、铁液熔炼、浇注凝固、起模落砂、清理修饰五大工序，若从细处区分，工序则有几十道

之多。

1. 铸型制作

铸型，是铸造时接收金属熔液的容器。其空腔部分称为"型腔"，轮廓相当于所铸物件的外形，另有引入金属液的通道，称为"浇口"。金属液在铸型中冷却凝固后，形成所需形状的铸件。铸型可分为泥型、砂型、金属型、蜡模型等。

泥型又分为浇铸模和压铸模。根据铁锅圆心、浅腹、薄壁、球面的造型特点，来制造各种不同规格和尺寸的铸型。

①泥型制作

泥型制作，首先要取得耐高温、黏性强的特殊黏土做原材料。在永康本地，都采用产自江南街道湖西村的特殊黏土，其黏性强、不易开裂、耐高温，俗称"湖西泥"。若在外地开设镬炉，则需花很大的精力去寻找适合制作泥型的黏土。为保证黏土的质量，一般要采集三个以上的土样样本，分别将之按制型的工序和要求做成实验品，经过日晒火烤等试验后，再从中选取最好的标本土样进行取土。取土时不能有草根、树根及砂石等杂质，黏土取归后堆放于一旁。接着进行另外两种材料稻草筋和木炭粒子的制作。

制作稻草筋和炭粒子时，首先将稻草铺成一排置于炭火之上，炭火上面覆盖有炉灰，使炭火处于温和状态，慢慢地将稻草烘烤至酥脆，然后用木槌将稻草捶打成细纤维备用。之后将硬木炭反复敲打，先用谷筛，再用米筛，最后用糠筛，一层层筛过，将木炭分成大中小三种木炭粒子。

　　三种材料都备好后，即将黏土、稻草纤维、木炭粒子按一定比例拌和均匀，加水调和成泥团，再用木槌及其他敲打工具尽力去舂、砸，直到把泥团舂、砸成为能用手将提起成串的程度为止。铸模泥备好后，将模泥一层一层用洗衣棒槌拍打坚实，即成铸型模骨。这一过程是一件慢工出细活的工程，没有千锤万锤是拍打不成一个铸型的。

　　模骨初成后，可以正式开始铸型。由于铁锅有不同的尺寸、规格，如单边锅、反边锅、双耳锅、单耳锅、平底锅等，所以铸

铸铁镬泥型　（何秋月摄）

型时需要运用一种必不可少的辅助工具——车刀。车刀分为内外两款，内刀车下子，外刀车上造（铸型分为内外两模，内模居下，称为"下子"；内模居上，称为"上造"），其弧度与所要铸的铁锅相符。车刀的末梢有一衔口，咬合着铸型的边缘，衔口的幅度即为所铸铁锅的厚薄度。车刀是确保铁锅的尺寸、重量、薄厚，以及光洁度和形态美观等质量标准的重要因素。用车刀将模骨表面刮平，削去突出部分，补平凹陷的地方。先塑好内模初始模壳，待自然晾干后，再合模于其上塑成外模壳，留置好浇口，并打好出气孔。待晾晒干燥后，进入车模工序。把模型壳放置于专用的工作台上，先调试好车刀与模型之间的间隔距离，然后用已经准

各种车刀 （何秋月摄）

车刀制作流程 （何秋月摄）

备好的"湖西泥"加粗细不同的木炭粒子或煤焦炭粒子和粗细不同的砻糠灰，分别搅拌均匀。按先用粗炭粒子、粗砻糠灰，再用中炭粒子、中砻糠灰，再细炭粒子、细砻糠灰的顺序，分次黏合在模具上，再分次用车刀将之刮平整均匀。经过如此几道工序，在确定锅模表面光滑平整、无任何瑕疵后，该款锅模的制作就算完成了。

锅模制作完成后，将其移至烘房内烘干。在过去没有烘房时，或将模具留置在铸炉旁，或用炭火进行烘干。模型内不允许留有过多水分，只有将当中的水分排掉，才能确保铁液浇进型具后不会产生小气泡，否则铸出来的铁锅会产生一个个孔花（业内名词称为"气

筛粗胚 （何秋月摄）

搅拌粗炭粒子 （何秋月摄）

抹粗、中、细炭粒子 （何秋月摄）

用车刀将模具刮平整均匀 （何秋月摄）

孔"），轻者成为次品，严重时会使铸件不成型，只能报废。

泥型又分为浇铸模型和压铸模型，要根据铁锅圆心、浅腹、薄壁、球面的造型特点，来制造各种不同规格和尺寸的铸型。

浇铸模型泥型在浇铸前，要用松烟灰调水后进行刷塑。刷塑的目的有二：一是为了修补铸型表面一些细微的孔隙，使铸型更加紧致、细密、光滑；二是起到防止铁液黏附在铸型上的作用。刷塑讲究一气呵成，中间不能停顿，否则停顿接头的地方会在铸好的铁锅上留下印记，影响质量。泥型经浇铸后，表面会产生一些斑点或裂痕等现象，需要及时修复处理，重新进行一次刷塑，以不影响下一轮浇注，经修复后可以反复使用。

刷松烟灰 （何秋月摄）

压铸泥型制作 （何秋月摄）

压铸泥型的制作方法与浇铸泥型基本相同，所差别者，是将内外模倒过来安置，即将外模置于下，内模置于上。制

压铸泥型制作 （何秋月摄）

作时用铁条和钢筋焊接成内模骨架，用高标号的水泥加煤渣混合后进行填充，打好出气孔，等晾干后进行同浇铸模一样的车模过程，待铸锅型具烘干后，将内模在上、外模在下安装在压铸机上即可。

②砂型制作

砂型，亦称为翻砂。砂型所用材料为工业用砂，也称为型砂。型砂需要添加一定比例的黏合剂，如黏土，用滑石粉、水等混合而成，以使型砂有较好的黏合度，有利于塑造成铸件所需的形态，并能抵御高温铁水的冲击而不致崩塌。

翻砂造型，必须先用木材或金属制作好与铸件形状相符的模型，考虑到炽热的铁水冷却后体积会缩小，因此，木模或金属模的尺寸需要在铸件原尺寸的基础上，按收缩率予以加大。铸件的内心空腔需要做相应的型芯模。造型时，先将样模下半型放在平板或平地上，罩上砂箱，将型砂填充至砂箱内，夯实刮平，然后将造好的砂型箱翻转180度。然后放上样模上半型，撒上分型剂，罩上砂型箱，填充型砂至砂箱内夯实刮平，接着将上砂箱翻转180度，分别谨慎地取出上下半样模，使型砂中留下型腔。这时要进行一次仔细的检查，

翻砂造型 （葛万明摄）

砂型车间　（胡志强摄）

若无缺损，将上型箱重新翻转180度，和下型箱复合好。是否卸下砂箱或保留砂箱，可根据情况而定，有的要等待浇注，有的要浇注箱冷却后取下。

③金属型制作

金属型，亦称硬模，是用钢或耐高温的铁制作而成。一般分左右两模，在两模中间加工所需铸件形状的中空形腔，并配有固定装置。因为加工金属型的难度相对较大，所以一般都只应用于铸件结构比较简单、重量较轻的如秤砣一类的小型铸件。金属型可以反复使用几百次甚至几千次，这是它的优点。

④蜡模型制作

蜡模型又称熔模型，是一种少切削或无切削的非常优异的铸造工艺。它的应用非常广泛，适用于各种金属的铸造，而且铸造出来的铸件无论在尺寸精度还是表面光洁度上，质量都要比其他铸造方法高。它还可以铸造出其他铸造方法难以铸造的复杂、不易加工的铸件。蜡模在我国有着非常悠久的历史，最早可以追溯到春秋时期青铜器等金属的铸造，彼时就已经创造了失蜡法来铸造带有各种精细花纹和文字的钟

金属模具 （胡志强摄）

铸铁壶金属型 （葛万明摄）

鼎或其他器皿，如春秋时的曾侯乙尊盘等。又如北宋太平兴国五年（980），万年寺主持藏真禅师用宋太宗御赐的三千两黄金，铸成普贤菩萨铜像一尊，高 7.35 米，重 62 吨，就是采用白蜡模浇铸而成的。

蜡模型的制作方法是先用蜂蜡（又称黄蜡）或白蜡（亦称虫

蜡模型制作 （葛万明摄）　　蜡模型雕刻 （葛万明摄）

蜡）制作成同铸件形状相符合的模型，然后用其他耐火材料敷成外范和充填泥芯，待干燥硬化形成一个整体型壳后，进行加热烘烤，使型壳中的蜡模熔化流失，形成型腔，然后把型壳置于砂箱中，在其四周填充型砂造型，于其中浇注金属熔液而得到铸件。此法如今在永康铸铁中基本上用于铁壳铸造。这种蜡模型只能使用一次，使所铸器物天下仅此一件，显得尤其珍贵，可当作收藏珍品。

2. 起炉

起炉也叫开炉。制造好铸型后，把开炉所必需的铸铁原材料、燃料等物资都准备完毕后，即可进行开炉。从开炉生火到歇炉熄火（业内称为"一灶炉"），一灶炉一般要坚持七到八天的时间，炉火一经升起，在七八天时间里便不能停歇。因此，在开炉期间，所有镬炉作坊人员会分两班日夜轮流操作。

铸炉，外以纯铁皮为基础围裹，内以耐火泥浆砌耐火砖，底部如镂，背面留有通风口，炉面砌有炉嘴以倾出铁水。传统铸炉顶部无遮挡，熔铁时火光冲天，故称为冲天炉。后来为进一步提高温度，同时减少灰尘，便在炉上方加上一座中间留有囟口的"铁帽"，使炉分为三节，于是便把它称为三节炉。在生火开炉前，首先要在铸炉的进风口，安装上一块由永康江南街

起炉（葛万明摄）

道黄务村山上的耐火岩制作而成的半圆形炉岩，其作用在于，一可使风力调和，二可避免炭火外泄。然后在炉中点起火，加入木炭或煤等燃料，拉动风箱助燃，加入铸铁，并要持续不断地拉动风箱助燃和添加燃料，使炉中温度不断升高，直至铸铁熔化成液。如今，为了保护环境，已经全部改用中高频电炉熔铁。

3. 熔铁

熔铁即为将铸铁熔化的过程。在过去铸铁原材料相对贫乏的时代，铸铁所用原材料选择的空间很少，选材相当随便，除选用

生铁块外，同时也采用废铁、废钢，甚至废旧铸件，如废铁锅、废犁头、犁壁等。最缺铁的时候，曾经有购买新锅要用旧铁锅交换的情况。铸铁人将这些回收后的废旧铸件，掺加一些新铁块，熔化后进行浇注，这样的方式导致产量低，铸件产品质量差。如今，市面上有着充足的铸铁原材料供应，可以任凭选择。铸铁人对铁的认识也更深入，不像过去只凭经验来判断。现在永康铸铁必须选用含碳量 2%～3.5%，标号为 18—20 的铁进行熔化铸造，以确保铸件的质量。当铸炉温度升高至铁熔点 1148℃～1400℃之间时，炉内的铁也就自然熔化成液了。

　　在熔化过程中，掌炉师要自始至终观察着炉火的颜色变化，

熔化铁液　（何秋月摄）

熔化铁液 （何秋月摄）

来判断铁液熔化的程度，并根据情况的变化发出各种不同的指令。铸铁熔化成液后，掌炉师会凭经验来判断铁水成色的好坏。真正技艺高超的师傅，只要看到铁水火花爆出的形态和方向，就能判断出铁水成色是否符合浇注要求。如果经观察火花还没有十分把握的情况下，师傅会另取一小勺铁水轻轻吹一口气，作进一步的判断，因为铁水成色的好与坏，直接关系着铸铁的质量，所以必须严格把握，马虎不得。若发现铁水达不到浇注质量的要求，掌炉师会采取添加木炭或铁末的方法进行调节，直到达到符合浇铸质量的要求为止。

如今，因为改用中、高频电炉熔铁，与传统铸炉熔铁的技术

出铁水 （胡志强摄）

发生了一些变化。经过实践与总结，永康铸铁人已经熟练地掌握了规律，总结出了必须用高山硬木炭烧铁，并且铁和木炭的配比也非常有讲究，12.5 公斤木炭配以 35 斤铁进行熔化最为适宜，铁水熔化好后即可进行浇注。

4. 浇铸与压铸

浇铸是指引导铁熔液注入铸型型腔，使之成为铸件的过程。浇注由把勺浇注师负责完成，浇注技术是否把握得当，对铸件的质量影响非常大，若把握不好，常会产生比如浇注不足、冷隔、夹渣、夹杂、冲砂、夹砂等情况，使铸件成为次品、废品。铁熔液出炉后，以一把固有耐火泥的长柄铁铸勺，从炉嘴接收一勺约能浇注一口锅的铁熔液，并将之提送至铸型边。此时，铁熔液中难免会含有一些熔铁渣和其他杂质，要用特制的铁钳将之夹出清理干

高频电炉 （何秋月摄）

浇铸铁水 （胡志强摄）

浇铸铁水 （胡志强摄）

压铸机 （何秋月摄）

净，然后对准浇口，将铁液倾注于铸型中，动作要一气呵成。

　　压铸，是指将铁液注入型具中，在外力的作用下将其压制成铸件的压力铸造工艺，是目前生产效率最高的铸造工艺。浙江炊大王炊具有限公司首先研发了铁锅压铸法，其流程为：先将制造好的铁锅型具安装在自制的压力铸机上，由于熔化后的铁液温度高，为提高铸型耐高温性能，在压铸前，必须在铸型上涂刷上一层松烟，然后将铁熔液注入下模，接着将上模下压使之成型。压铸好的铁锅要马上用铁钳夹出，及时地浸入清水中淬火。一来可以快速降温，增加锅体的硬度和韧性；二来可以洗掉乌黑的松烟灰，使铁锅看起来亮丽光洁。

5. 起模与落砂

起模和落砂是指从铸型中取出铸件的过程。

铁液浇注入铁锅模具并凝固冷却后，方能起模。起模前，要先准备好铁钎、专用钢钳等工具，将型具固定装置拆除，然后由两人揭开泥型上造，抬起移至一边仰放在空地上，撬起扣在下造上的铁锅，因此时铁锅温度尚高，需要用铁钳夹出。放置于另一工作场地。由管塑工检查泥型表面是否有破损，如有破损要及时进行修复处理，如无破损，要在锅模表面重新抹上一层炭灰，将上下两模重新复合好，供下一轮使用。

落砂（胡志强摄）

落砂是指砂型浇注而言，在铁液浇注入砂型凝固冷却后，将固定砂箱的定位装置拆除，撤走上面的压铁、浇口圈等装置，将上砂箱抬起，清除箱内型砂，将之放置在一边空旷的场地上，然后再提起下砂箱，清除箱内残存的型砂，放置于一边的场地上。当铸件暴露出来后，用铁钳夹起，等待完全冷却后，将黏附于上边的型砂处理干净，集中堆放于一边，将砂箱归置在一起，以备下一轮使用。

6. 清理与修饰

清理和修饰是完成铸件铸造的最后一道工序，是确保铸件产品质量的必不可少的过程。除对铸件的清理和修饰外，还包括对产品质量的检验。

铸件完全冷却后，即要对产品进行逐步的检查清理，清除表面的黏砂毛刺，切除浇口、冒口等，检查是否有砂眼、丁子等瑕疵，并进行必要的打磨抛光。若发现有不可补救的缺陷，即需要

去除铁锅铸件表面的黏砂、毛刺，切除浇口、冒口（何秋月摄）

清理锅面（何秋月摄）

磨边（何秋月摄）

检测铁锅（何秋月摄）

将之列为次品或者废品。通过清理和修饰检验合格后，产品才能进入仓库，转入销售程序。

[叁] 永康铁壶铸造工艺

永康铁壶铸造，主要采用砂铸法和蜡铸法两种。砂铸法又有泥模造型和金属模造型之分。

1. 铸型制作

①泥型制作

在制作泥型前，首先要对铁壶形体进行综合考虑，设计好铁壶的形状大小，壶外部的装饰花纹图案，以及壶口、壶嘴、壶盖、提梁连接体的具体形状、位置和要素，并将之绘制成图，之后用细砂和黏土混合，按图纸制作好铁壶模型，在模型尚未完全干燥之时，用雕刻工具精心刻制纹饰。铁壶的纹饰多种多样，比如松竹梅柳、花鸟虫鱼、山水人物、亭台楼阁等都很常见。雕刻好纹饰后，需进一步处理好壶面的光洁度，然后让其自然晾干。此后，

铁壶泥型 （陈广寒摄）

再用耐高温硅胶敷成外范，在此过程中，要同时用型砂制作好型芯，与外范合成型腔。将硅胶型壳和型芯置于砂箱中，四周填充型砂造型，于其中浇注铁液，待冷却凝固后落砂而取得铁壶。

②金属型制作

用铁或铝等金属按设计好的图样制作原始模，为金属型制作，金属型模分上下两模。在壶身直径最大处制作上下模的接合部，所以铸成的壶体，在模具接合处会形成一道水平方向的合模线。合模线以上，大多会采用霰纹装饰。霰纹是指壶体上一颗颗半圆珠状的装饰线。霰，永康俗语称之为雪子，是高空中水蒸气遇到冷空气凝结成的白色小冰粒，多在下雪前或下雪时从天空中降落。霰纹不仅增添铁壶的美观，同时还能使壶内的水受热更均匀，泡出来的茶更加饱满、甘洌。铁壶合模线以下一般无纹饰，呈现出

霰纹铁壶（陈广寒摄）　　纹线铁壶（陈广寒摄）　　龟甲纹铸铁壶（陈广寒摄）

铁与铸型之间自然形成的机理。除了霰纹外，金属模砂铸铁壶，还会采用如弦纹、龟甲纹等纹饰，以增强铁壶的美感。金属原始模制作完成后，同时要制作好砂芯，然后放置在砂箱中，四周填充型砂进行造型，待上下两模复合后，再于其中浇注铁液，冷却凝固后，落砂取得铁壶铸件。

③蜡型制作

蜡模用蜂蜡或虫蜡制作，蜂蜡，是由工蜂腹部蜡腺分泌的五角形白色蜡鳞筑就的赘脾等原料加工而成的淡黄、棕黄色的固体，其熔点为 62℃～65℃；虫蜡，亦称白蜡，是由寄生于女贞树或白蜡树上的白蜡虫所分泌，其熔点为 80℃～83℃。蜡模制作中，一个很重要的工序是纹饰的雕刻。蜡模经修整后安装浇注口，再敷以耐火材料，制成围模，并配以泥芯，植入砂箱进行浇注。

2. 脱砂与打磨

铁液浇注入铸型冷却凝固后，将砂型打开取出铁壶，将壶体内外的型砂清除干净，检查是否有铸造缺陷。铁壶在上下铸型的交接处，可能有一些细微的铁料冒出，需要轻轻敲打去除，然后用磨具磨平，并抛光使之光洁。

3. 炼壶

将打磨抛光后的铁壶放入 800℃～1000℃ 的炭炉中素烧一个小时，使铁壶表面产生一层氧化膜，可以有效地防止铁锈生成。

喷涂车间（胡志强摄）

铁壶半成品车间（胡志强摄）

安装车间（胡志强摄）

蜡模造型（胡志强摄）

泥芯 （胡志强摄）　　　　结壳车间 （胡志强摄）

抛光打磨 （葛万明摄）

4. 着色

再次用200℃左右的炭火，对铁壶进行加热，在铁壶表面涂抹一层用醋酸和茶叶混合而成的涂料，边加热边用刷子涂刷，使之更易于附在壶体表面。

5. 安装提梁

铁壶的提梁一般要用纯铁专门制作，具有特殊的工艺。提梁制作好后，将之巧妙地安装在铁壶提梁连接体上，一把铁壶的整体制作便完成了。

四、永康铸铁产品的分类、使用和保养

永康铸铁产品主要分为厨房炊用具类、文房用具类等，其中尤以永康铁锅、铁壶最具代表性，人们也总结出了使用和保养的特殊经验。

四、永康铸铁产品的分类、使用和保养

[壹] 永康铸铁产品分类

1. 厨房炊用具类

传统铸铁镬：单边（鲁班尺）二尺六大镬，单边二尺四镬，反边二尺二广镬、双耳二尺炒煮多用镬，单耳平底镬、汤罐、炉栅、熨斗、煤气灶配件等。

现代烹饪炊具类：硒铁锅、原生铁矿石铸铁锅、麦饭石不粘锅、聚能精铸炒锅、等离子炒锅、硅胶侧耳大小汤锅系列、直壁双耳炒锅、单耳炖锅、煎盘、汤盘、方盘、比萨盘、奶锅系列、多功能烤盘等 200 多个产品。

用于生产型炊具类：烤肉麦饼、单麦饼、浇豆煎专用的反边平底鏊盘系列，用于熬制红糖的二尺八大镬，还有较大型的陶镬等。

2. 饮具类

悦然铁壶、朴素唐釜、唐釜、资治铁壶、雨龙铁壶、思贤铁壶、福缘铁壶、石头铁壶、雅道铁壶、隐逸铁壶、志和铁套壶、

八仙铁壶（陈广寒摄）

人参铁壶（陈广寒摄）

松鹿铁壶（陈广寒摄）

烟云铁壶、菊桐铁壶、横飘铁壶、鹤寿铁壶、雪梅铁壶、牡丹铁壶、鸳鸯铁壶、山水六角铁壶、松鹿铁壶、人参铁壶、八仙铁壶、双龙戏珠铁壶、麒麟铁壶、禅风铁壶、霰纹铁壶、弦纹铁壶等，茶杯、茶杯托、壶垫、茶盘、风炉系列等。

3. 文房用具类

蜗牛、鱼、龟、青蛙等系列夫妻文镇，啄木鸟等文镇系列，四角、六角印盒及笔搁等。

4. 农业生产用具

犁头、犁壁（铧）、耙齿等。

5. 机械配件类

各种型号柴油机缸体齿轮箱、飞轮，手扶拖拉机、插秧机、农用运输车变速箱，以及其他机械配件。

6. 衡器配件

木杆秤砣、磅秤、电子秤配件等。

7. 宗教礼器类

插香炉、烛台、焚香炉等。

[贰] 铸铁锅的使用与保养

锅，又称为镬。《辞海》"镬（huò）"条："古时指无足的鼎，今南方话把锅叫镬。《淮南子·说山》：尝一脔肉，知一镬之味。高诱注：'有足曰鼎，无足曰镬。'"

明宋应星初刊于崇祯十五年（1637）的《天工开物》载："釜（镬），铸用生铁，或废铁器为质。大小无定式，常用者径二尺为率，厚约二分；小者径口半之，厚薄不减。"铁锅自产生以来，就与人们的生活紧紧地联系在一起，是日常必不可少的物件。

铁锅通常可分为两大类，一是铸铁锅，一是精铁锅。铸铁锅又叫生铁锅，是日常用得最多的铁锅。铸铁锅用灰口铁浇注而成，具有传热均匀、导热慢的特点。其缺点是纹理相对粗糙，经不得硬物碰撞。用铸铁锅烹饪食物，当火温超过200℃时，便会散发热能，均匀地传递给锅里的食物，而不会产生烧焦或粘锅的现象。精铁锅有普通精铁锅、不锈钢锅等，其特点是纹理细、不易开裂。用精铁锅烹饪食物，火温未超过200℃就会散发热能传递给食物，因此容易出现粘锅烧焦等现象。两者相比较，烹饪食物时，铸铁锅要优于精铁锅。

新铁锅买回来后，是不能直接使用的，还需要有一个"开锅"的过程，因为铁锅在浇铸过程中，难免会有一些炭灰、铁末之类残留在锅面上。此外，铁锅在潮湿的环境中极易生锈，要使铁锅在使用中不易生锈，就得先进行一次必要的处理。这种处理，在永康民间称为"出镬宴"。其过程为：首先用清水将新锅里里外外整个洗刷干净，然后装满一锅水，烧开后倒掉。等锅冷却后再用清水清洗一遍，并用抹布擦干后放回灶面上加火，使整个锅都能均匀地加热，等到锅体加深变黑并轻微冒烟，即进行涂油。涂油方法有两种，一种是用一小块肥猪肉或者猪板油，用锅铲或筷子将整个锅面都均匀地涂抹一遍，另一种办法是将植物油或调和油倒在锅里，用干净抹布或纸巾均匀涂抹。涂油后将锅加热，把油烧干后停火，待锅面冷却后用清水洗干净，再重复涂油。如此，一般需要重复三次，直至整个锅面都吃足了油，看上去油光发亮，铁锅就可以正式使用了。

铁锅在使用过程中若不注意保养，也还是很容易生锈，人如果长期摄入铁锈，就会引起身体不适，因此，铁锅在使用过程中还需要注意保养。铁锅的保养主要注意两点：一是不失油，二是保持铁锅表面干燥。每次用完铁锅清洗干净后，最好用干净的抹布擦干锅面铁残留的水分，以保持铁锅表面的干燥。其次，铁锅在焯水后，很容易失油，清洗擦干后，最好用少量的食油涂抹一下锅面，就基本能够保持锅面不生锈了。

［叁］铸铁壶的使用与保养

进入 21 世纪以来，铁壶越来越受到茶友们的喜爱，成为中高端茶界所热衷的新宠。

铁壶的保养也非常重要。新铁壶买回来后，需要进行一些必要的开壶程序。最为简单的方法是先把铁壶用清水冲洗干净，用温火煮水，所煮用水最好是天然的山泉水，烧开后倒掉，待壶体相对冷却后再加水至六到八分满，再烧开倒掉，如此接连煮水三至五次，直到煮出来的水无杂质、无异味即可。也可将茶叶放入壶中加水烧煮，烧开后把水倒掉，如此重复三至五次，茶叶中的鞣酸遇到铁就会形成一层鞣酸铁，可以对铁壶起到保护作用。

　　所谓"流水不腐，户枢不蠹"，对铁壶最好的保养就是经常使用。在使用过程当中，不要用手去触摸铁壶的内壁，因为手汗中的盐分，极易损坏铁壶的防锈层。每次使用好后，要将壶内的水倒干净，并取下壶盖，以使壶身余热蒸发干燥残留的水分。如使用不当，壶内会出现锈斑，或者导致沸水变浑、水的表面漂浮一层油渍等，可用淘米水将壶灌至八分满，拿掉壶盖，用火反复烧煮几次，直至米水不再浑浊，即可继续使用。

五、永康铸铁技艺的改进与发展

随着工业化水平的发展提高，永康铸铁人在继承传统技艺的基础上，及时地调整产品结构和经营理念，并加强对新产品开发的投入，涌现出一批代表性企业。

五、永康铸铁技艺的改进与发展

[壹] 永康铸铁技艺的不断提升

改革开放以来，随着工业化水平和科学技术水平的提高，作坊式的传统铸铁工艺及传统产品已很难适应市场需求。永康铸铁人在继承传统技艺的基础上，及时地调整产品结构和经营理念，走上了集约化、规模化的道路，并加强了对新产品开发的投入，使产品结构从单一走向多元，从僵化走向灵活。产品类型从注重民生入手，打造文化品牌，以适应市场需求。永康铸铁技艺在变化中得到有效的传承，在革新中得到了发展。到目前为止，永康市内共计有铸铁企业 100 多家，其中铁锅生产企业 80 多家，在铸造传统铁锅的同时，还生产硒铁锅、铸铁珐琅铁锅、原生铁矿石铁锅、聚能精铸炒锅、中华麦饭石不粘锅等各种新型的现代铁锅，年产值达到 16 亿多元。

如铸铁珐琅炖锅，采用浇铸铁工艺，配有厚重的铁锅盖，使之密封不溢锅；同时采用循环花洒设计，使锅内水蒸气凝结成水滴循环均匀地滴落于食材上，能够保持原汁原味，味道更加诱人。其设计原理为：锅底为三层结构，外层为锻面珐琅层，具有传热迅速、保温持久、色彩靓丽、不磨损灶台的特点；中层是食品级铸铁层，铸铁独有的气孔能与氧气互动，锅体可吸收油脂，使菜肴更加美味，营养健康；内层为黑色哑光珐琅层，能吸收食物中多余的

珐琅铸铁锅 （陈广寒摄）

油脂，形成不粘层，且越用效果越好。这种锅还节能省时，因铸铁珐琅炖锅传热效果好，铁锅外层拥有的珐琅瓷保温效果强，只要使用中小火即可实现烹饪要求，厚重的锅盖形成微压，可使水温达110℃。此外，此类锅外观时尚，经过1500℃高温一体锻铸成型，锅体均匀一致，分三次手工打磨，表面精致细腻，采用德国无箱射压表面处理技术，珐琅瓷分布均匀而不惧高温，能够持久靓丽如新。

永康的铁壶铸造企业有30多家，年产各种铁壶200多万把，除畅销国内以外，还销往日本、欧美等国家和地区，年产值近4亿元。其中的代表作如《青莲之壶》，是由中国美院、中央美术学院原院长、博士生导师潘公凯教授定制的艺术产品。《青莲之壶》运用的设计元素汲取于潘先生的水墨代表作，在风格韵味上与其

青莲之壶 （董永正摄）

现代水墨艺术一脉相承，同时又包含着对他艺术理念的独特诠释。铁壶采用传统的失蜡法工艺，纯手工制作，并且恰当地保留了手工铸造痕迹，使得铁壶呈现出古朴且极富金石味的质感，配合壶盖上经特别抛光处理的莲蓬，使得铁壶造型现代简洁，稳重方正，同时亦不失精巧。铁壶壶身有潘公凯先生代表作《残荷铁铸图》局部，使整体设计在延续古典的同时，又多了几分当代意蕴。壶身的留白与水墨画异曲同工，讲究气韵与格调、功能与美感之间的协调。壶取名"青莲之壶"，除与其设计创意、造型题材相呼应外，更是蕴含了荷花"出淤泥而不染"所象征的"清廉"之意，

一塔湖图壶 （董永正摄）

传达出丰沛的当代人文内涵。壶身背面及托盘上均刻有潘公凯先生的钤印。

　　《一塔湖图壶》的设计，来源于北京大学校园内的三个著名景点，博雅塔、未名湖和北京大学图书馆。只要是"北大人"，对这三个景点，都有着浓厚的感情，以此为主题的设计，是希望大家品茗时，回忆起心中那段在北大时属于自己的故事。壶的正面雕铸有蔡元培校长半身像、校训及创校时间，希望以此来致敬对北大精神、历史和贡献的致敬。

[贰] 永康铸铁代表性企业

　　此外，永康还有多家机械配件和衡器配件铸造企业。目前较有影响力的永康铸铁企业有：

传统铸铁锅系列 （何秋月摄）

1. 浙江炊大王炊具有限公司

浙江炊大王炊具有限公司坐落在永康经济开发区内，其前身为创建于 1983 年的永康县长城乡葛塘下铸造厂，是改革开放以来我国最早开办的民营企业之一。1989 年更名为"永康县长城铸造厂"。在此基础上，于 1996 年创立了"浙江炊大王炊具有限公司"，是一家专注于健康炊具研发、生产、销售的现代化民营企业。从 1996 年开始使用"炊大王"商号，1998 年起使用"炊大王"商标。公司目前炊具年产能 1500 万只，厨房烧烤小家电年产能 300 万只。公司在国内拥有上百家专卖店，所生产的铸铁锅、硒铁锅、铸铁珐琅铁锅、原生铁矿石铁锅、聚能精铸炒锅、中华麦饭石不粘锅

铸铁镬成品仓库 （何秋月摄）

等系列产品远销欧洲、北美、澳洲等 60 多个国家和地区。经过近 40 年的发展，炊大王公司已经成为领先全国的炊具生产商。2021 年实现销售收入 7.8 亿元，上交国家税收 3907 万元。

2008 年炊大王公司开始进入电商平台销售，线上业绩逐年增长，至 2021 年电商销售收入 4.5 亿元，京东商城、天猫超市、唯品会、一号店等各大线上销售平台都有该公司旗舰店。

凭着自身专业的制锅技术和卓越的新产品开发能力，公司已成长为本地区的龙头企业，现为永康市日用五金制品行业协会会长单位、中国五金制品协会副理事长单位、中国五金制品协会烹饪器具分会执行理事单位，是烹饪器具国家标准制订单位之一，先后起草和参与制订九项国家行业标准，是铁质不粘锅标准的主

永康铸铁技艺

炊大王铸铁锅系列 （陈广实摄）

要起草单位，并负责起草"超耐磨铝及铝合金铸造不粘锅"浙江制造团队标准。通过"铝制不粘锅""超耐磨铝及铝合金铸造不粘锅"两项浙江制造团队标准对标认证。

炊大王公司具有完善的生产、科研、管控条件的能力，能够对产品的所有关键工序进行自主研发和制造。现拥有国家专利300多项，其中发明专利16项，自主设计的竹青石系列产品，获得2020年IF设计奖、广交会出口产品设计奖银奖，芦荟节能炒锅获得2020年广交会出口产品设计奖金奖，煲仔锅获2020年广交会出口产品设计奖银奖。

铸铁炒锅　　　　　　　　　　　　铸铁平底锅

方形多功能煮锅　　　　　　　　　　铸铁汤锅

多功能铸铁锅　　　　　　　　　　中华麦饭石不粘锅

炊大王公司生产的各式锅具　（陈广寒摄）

炊大王公司始终坚持"以创新求发展，以质量求生存"的宗旨，获得了社会的广泛认可和赞誉。先后通过了 ISO9001 质量管理体系认证、ISO14001 环境管理体系认证、ISO45001 职业健康安全体系认证和 SA8000 社会责任管理体系认证等。并且先后获得了国家高新技术企业、国家知识产权优势企业、浙江省专精特新中小企业、浙江省企业技术中心、浙江省工业旅游示范基地、浙江省节水型企业、永康市纳税百强企业等荣誉称号。

永康铸铁技艺已经被列入第五批国家级非物质文化遗产代表性项目名录。炊大王公司历来非常重视非物质文化遗产的传承及品牌建设，目前公司有传统手工打铁工艺项目，有浙江省非遗代表性传承人（永康铸铁项目）、金华市和永康市非遗代表性传承人，是金华市非物质文化遗产生产性保护基地。

炊大王公司热衷于社会公益事业，是永康市红十字会医院的常务理事单位，积极响应政府号召，参与"百强扶百村"帮扶活动，慰问救助困难群众等，累计捐款数百万元。还通过各种途径，多方搜集与炊具、铁锅相关的各种铁器产品和手工器具，建立铸铁博物馆，免费向社会开放。

2. 永康一本堂艺术品有限公司

永康一本堂艺术品有限公司是国家级非物质文化遗产代表性项目永康铸铁技艺保护单位，金华市非物质文化遗产生产性保护基地。公司旗下拥有杭州一本堂品牌管理有限公司、杭州美最时进出口有限公司等，是一家集设计、研发、生产和国际贸易、品牌管理、服务于一体的综合型品牌文化公司。据永康《胡氏宗谱》记载，1861 年，一本堂先祖胡凤丹在鄂时，乞大学士李鸿章为之题额，取"千枝一本"之意，具有深厚的历史背景和文化渊源。

一本堂在继承传统的基础上，着重研究铁壶铸造技艺的改良和创新，注重将现代审美情趣和古法经典进行有效结合，研发了先进的蜡模铸造应用技艺，并抢救性地保护和恢复了泥模工艺。在

一本堂铁壶着色（胡志强摄）

铁壶、铁锅等系列铁器制品的基础上，又研制出烛台、笔搁、镇尺、印泥盒等系列文化衍生品。其铁壶产品入驻全国各大商场、知名茶楼，并远

一本堂整砂现场（葛万明摄）

销日本、欧洲等几十个国家和地区。一本堂是金华市非物质文化遗产保护协会副会长单位，杭州永康商会第一、第二届副会长单位，杭商全国理事会副会长单位。

一本堂非常注重培养后继传承人，进行了有效的生产性传承。现基地骨干胡千扬、俞海呈、葛万明等都是专注于传承永康铸铁的高学历、高素质的人才。他们对模型制作、金属熔炼、浇注凝固、脱模处理等传统翻砂铸造工艺流程都能熟练掌握，可独立完成铁壶、铁锅制作，同时还能将创意设计、传统文化、生活艺术融为一体。为了更好地保护和传承永康铁艺，一本堂公司通过学校引导，以社会实践的方式，在中小学里建立了非物质文化遗产教育传承基地，宣传工匠精神，并搜集了历代以来铁器制品3000多件（套），积极筹建中国铁器博物馆。

一本堂公司积极参加有关社会公益性活动和全国非遗、工美活动，成立茶文化课题小组，举办铁壶文化专题讲座和茶学大讲堂，并与多个国家开展茶文化交流。

3. 南龙集团有限公司

南龙集团有限公司坐落在永康经济开发区，是一家以研发不粘厨具、不锈钢厨具、不锈钢保温杯、厨房电器的金属餐饮器具为主，并延伸到可降解塑料等相关产业的多元化企业。现公司占地面积300多亩，有员工1600人，其中中高级专业技术人员和管理人员将近 200 人。公司研发团队一直以市场为导向，以创新为己任，设计研发的产品款式多样、新颖美观，拥有 200 多项国家专利。

近年来，南龙集团公司通过自身的努力，被中国五金制品协会和中国日用杂品工业协会分别推选为副理事长单位，是中国轻工工艺品进出口商会餐厨用品分会常务理事长单位，具有极高的行业影响力，同时获得国家标准化管理委员会批准，成为全国金属餐饮及烹饪器具标准化技术委员会委员单位。并参与了餐饮具质量安全控制、不锈钢真空杯、铝及铝合金不粘锅、家用钢制锅具、双层玻璃口杯、烘烤加工食品用器具等相关国家标准及行业标准的起草工作。2012 年底，中国日用五金技术开发中心四大分中心之一，中国不锈钢真空器皿中心落户南龙。2015 年，南龙集团被评为浙江省企业技术中心，大力推行自动化、智能化改造，让南龙集团的技术、研发、检测、标准化等多项硬实力提升到全国顶尖水平。

南龙集团高度重视质量管理体系的建设，很早就建立了完善的质量管理体系。在同行业中率先通过了 ISO9001 质量管理体系认证，还先后建立了 ISO14001 环境管理体系、OHSAS18001 职业健康安全管理体系，及卓越绩效管理模式，从整体上实现了企业的标准化管理。

南龙集团十分注重品牌建设，先后获得浙江省出口名牌、浙江省著名商标、浙江省信用管理示范企业、浙江省安全生产标准化二级达标企业、国家高新技术企业等荣誉称号。

截至目前，南龙集团公司的业务销售范围以国内市场为中心，同时逐步迈向国际化，产品已远销欧洲、北美、日本、韩国等60多个国家和地区。"南龙 NANLONG""乐太 LATIM"品牌，已成为沃尔玛、麦德龙等各大型商场、超市合作商首选品牌之一。

南龙集团在企业不断发展的同时，积极履行公共责任、公民义务、恪守道德规范。在公共责任方面，把环境保护、减少能源消耗作为工作中的重点，进行积极创新，持续改进，取得了显著的成果。秉承"诚信、互利、创新、优质"的经营宗旨，南龙正走向更加辉煌的明天。

4. 明新进出口有限公司

永康市明新进出口有限公司是一家经营厨房炊具的公司，产品涵盖铸铁锅、铝制不粘锅、不锈钢厨具等。尤其是铸铁锅系列产品，深受欧美市场的欢迎，其中用于炖煮的多彩 IPOT 系列，以汤锅为主，是西方家庭使用频率最高的铸铁锅。蓝色的 Le pluriel 系列是公司主打的铸铁多用锅系列，共由四款产品组成一套，其中烤盘用于牛排等食物的煎制，圆形煎盘多用于果蔬类食物的煎炒，圆形汤锅用于炖煮，方形汤锅集合了烤盘和汤锅的多种用途功能。该系列产品是明新公司在德国、瑞士等欧洲国家和地区最为畅销的铸铁产品之一，常年占据电视购物最受欢迎的产品排行榜。

明新公司致力于用富有设计感的产品，建立与维护市场客户的忠诚度。公司成立20多年以来，一直坚持不断地探索制造更新、更好、更强的产品使明新公司的事业得到了更好的发展。

5. 永康市正利铁艺厂

永康市正利铁艺厂坐落于永康市古山镇古山村四村工业区，企业法人董永正在20岁时，跟随其大姨父、芝英镇下徐店村的徐汉邦到广东学习铸铁技艺，从敲炭粒子、筛松灰干起，一步一步学会了铸铁的基本技艺。他刚出师，大姨父出车祸全身瘫痪，镀炉作坊也随之歇业。董永正本着继续深造技艺的想法，辗转到云南昆明铸造厂当半作老师，后来回转家乡永康，加入浙江泰龙控股集团有限公司铸造团队，从一名普通的一线工人做起逐步成为生产组长、班长，再到铸造车间主管。

2004年，董永正辞职离开泰龙公司，开始筹建新的铸铁

正利铁艺厂生产车间（董永正摄）

正利铁艺厂的工人在镶嵌錾刻 （董永正摄） 正利铁艺厂的工人在雕塑中 （董永正摄）

企业，于 2006 年 9 月正式挂牌成立永康市正利铁艺厂。凭着他在铸铁领域多年积累的娴熟技艺和专业水平，正利铁艺厂很快就在铸铁壶、铸铁炊具及铸铁工艺品领域崛起，成为一家集设计、制造、销售于一体的知名铸铁企业。2013 年荣获中国家居礼品行业十大最具价值品牌企业之一；2016 年受邀参与 G20 杭州峰会礼品征集。到目前为止，正利铁艺厂拥有 10000 多平方米的生产厂房，两条完整的从毛坯加工到包装出货的生产线，80 多人的研发和生产团队。具备年产铁壶 50 万把（套）的生产能力。

在继承传统工艺的基础上，正利铁艺厂着重研究铁壶铸造技艺的改良和创新，使古法经典和现代技艺得到了有效结合，力求突破传统设计理念，在艺术与科技、传统与现代之间找到平衡点，在交互产品与文创产品领域作出成果。正利铁艺厂在熟练掌握蜡模、泥模、金属模等铸造工艺的同时，还掌握了目前铁壶制造最为精致的镶嵌、錾刻、铁包银等极具收藏价值的手工工艺，产品除在国内销售，还远销欧洲、美国、俄罗斯、日本、韩国、东南亚、澳大利亚等国家和地区。优质的产品、贴心的服务，赢得了良好的口碑。

正利铁艺厂奉行"精益求精、以质取胜"的宗旨，坚持以过硬的产品质量打造时代精品，走质量取胜之路，工厂由陈慰平博士领衔产品研发设计团队。陈慰平博士现任中央美术学院设计艺术学院讲师，具有很强的个人设计能力，创立了北京果核世纪文化有限公司。正利铁艺厂与该团队从平面设计、三维设计到模型雕塑、模具制造到色彩搭配等都衔接得非常成熟和完善。

正利铁艺厂的铸铁壶作品，如《雨龙》《宇宫月亮》《富贵花开》《千鹤》《月下亭》《驿路梅花》《雪狮》《游龙》《冰山雪映》《资治通鉴》等，都以充满个性和特色的造型、古朴典雅的图案而深受消费者的喜爱，是集实用、观赏、收藏于一体的铸铁茶具精品。

六、永康铸铁的价值

永康铸铁承载着厚重的历史，其制品广泛应用于各个领域，培育了光辉灿烂的铸铁文化，具有很高的历史、文化、工艺和经济价值。

六、永康铸铁的价值

永康铸铁承载着厚重的历史，积累了坚实的基础，其制品广泛应用于社会生活、生产等各个领域，培育了光辉灿烂的铸铁文化，具有很高的历史、文化、工艺和经济价值。

[壹] 记录了铁器铸造的历史

据史料记载，在春秋时期，我国就已经发明了铸铁技术。铸铁技术一经发明，就极大地推动了人类社会的发展与进步。

正所谓民以食为天，在未能利用火和没有炊具的原始社会，人类只能过着"饮血茹毛"的生活。待发现火后，发明了陶器。青铜铸造技术的兴起，人类又做出了"鼎"，用作炊具的鼎又叫"鼎镬"，圆形，三足，两耳，也有长方形四足的。釜的出现，使鼎慢慢地退出了炊具的行列，成为专门的祭祀用具和权力象征，是立国之重器，有"禹铸九鼎"的传说。

釜，圜底敛口，或有两耳，用铁铸成，实则镬的雏形。《淮南子·说山》载："尝一脔肉，知一镬之味。"高诱注曰："有足曰鼎，无足曰镬。"镬则今天所说的锅。直到今天，在我国的南方，包括我们永康，仍把锅称为镬。诸如在永康境内有山峦叫覆釜、华釜者，视其山形犹如一只倒扣的铁镬而得名。宋应星曰："凡釜（镬）储水，受火，日用司命至焉。"充分说明了铸铁镬对民生的重要性。经过几千年的发展变化，铁锅的铸造已经进入了高度成熟的阶段，铁锅琳琅满目，品种繁多，尽可满足人们进行各种烹饪要求的需要。

在没有铸铁工具的远古时期，人类只能用石刀、石斧、石锛等石器作为耕作工具，以刀耕火种的形式来从事农业生产。铸铁生产工具的发明大大地促进了农耕文明的发展。铸铁农具具有硬度高、强度大、锋利无比、不易磨损的优点，这使农耕的生产效率成倍提高。铸铁农业生产工具一经使用，我国的农耕文明很快就进入运用铁器工具的时代，人们将铸铁工具广泛地应用于翻耕、播种、收割等农活，铸铁农业生产工具在实践中不断地得到发展和改良，功能更加合理与完善，致使许多器具一直运用到今天，如犁头、犁壁（铧）等。即使如今大量使用的拖拉机、插秧机、收割机等农业机械的许多铸铁零配件，都仍然留有传统农具的痕迹。

永康铸铁铸造铁锅和农业器具的历史，最早可追溯到南宋时期，其制品被广泛地运用于人们日常的生活、生产的各个方面。在这些制品中，保留着丰富的从农耕文明到现代文明的历史痕迹，是研究社会发展史不可多得的宝贵遗产，有着很高的历史价值。

清光绪铁壶 （胡志强摄）

清光绪铁壶 （胡志强摄）

[贰] 承载了中华民族的文化元素

悠久的使用历史，造就了丰富多彩的铸铁文化。

在诸如铁钟、大型焚香炉等宗教祭祀礼器上，人们往往铸上一些劝世铭文或警世箴言。如永康古山星月塔钟铭文：清慎为官本，平和养性子。存真福自广，积德寿而康。有为禄方宽，孝友喜乃常。忠厚传家久，诗书继世长。淡泊以明志，博学如海洋。善施得喜庆，宽宏多加祥。钟声呈祥和，星月永辉煌。

而铁壶更承载着众多的中国传统文化元素，其上的纹饰图案有诸如象征高尚人格、忠贞友谊的松竹梅岁寒三友、梅兰竹菊四君子，寓意吉祥长寿的松鹤图、松鹿图，寄托着人们对富贵美好生活追求的双龙戏珠，代表富贵荣华的牡丹，象征祥瑞的麒麟，以及象征爱情的鸳鸯戏水、修身养性的禅韵等。有着诸多中国文化元素的铁壶，承载着历史的厚重，成为"清纯、优雅、质朴"的茶文化气质的一部分，渲染了"中庸之道、行俭之德、明伦之礼、谦和之行"的茶文化精神。除此之外，铁壶的造型也逐渐多样化，兼具古典和现代的审美追求。

铁锅自产生以来，一直是家家户户必不可少的日常生活用具。正因为有了铁锅，才逐步形成了炒、爆、炸、熘、焖、煨、烩、炖、煎、煮、烤等丰富的中国烹饪技艺，才有了独步世界的中国菜肴。

永康铸铁继承并发展了传统中国铸铁文化,具有鲜明的永康地方特色和民族特色,是永康五金文化的重要组成部分。

[叁] 展现了手工技艺的精深

永康铸铁,经过历代铸铁人的创造性劳动,不断的探索实践、总结提高,逐步积累了一套完整的铸铁工艺。虽然与其他地方的铸铁工艺存有共性,但也明显有着自己独有的地方特色和民族特色,得以更好地贴近生活和生产。并且永康铸铁工艺还可根据不同地域的民俗风情,铸造出适合地方特色的产品。在此基础上,力求产品造型典雅,美观大方,坚固耐用。

永康铸铁讲究的是精工细作、严格认真,无论是造型、熔铁、浇注、起模或落砂、清理和修饰,都有着严格的操作规程,要求做到一丝不苟,做到尽善尽美,选材用料严谨规范。泥型制作必须选用永康独有的,具有受热均匀、韧性高、不易开裂特点的"湖西泥",配以35%粗细不同的砻糠灰和炭粒子进行制作,铸铁材料必须选用18—20标号的铁。熔铁时要严格地掌握火候,辨别铸铁液质量的好坏。

永康铸铁的产品有严格的技术标准。以铸铁锅为例,一般铁锅底部厚度为7毫米,以使之耐烧;中部为3毫米,易于导热;边缘为5毫米,能够承重。在此基础上,还会根据不同地域的生火条件、风俗习惯的差异,进行一些适当的调整,以适应地方的要求。

永康铸铁具有操作规范、工艺细腻、产品精良的特点，为丰富我国的铸铁技艺提供了不可或缺的内涵。

[肆] 满足了社会生活的需求

铸铁制品与人们的生活生产息息相关。研究表明，铸铁锅是目前世界上最为安全经济的炊具。铸铁锅具有受热均匀、传热温和的特点，用铸铁锅烹饪食物一般不会出现粘锅、炒糊、烧焦的现象，同时保温性能好，即使是不太会做菜的人，使用起来也会得心应手，应用自如。铸铁锅烹饪功能非常齐全，无论是蒸煮熘炒，还是炸焖烩炖都可满足。铸铁锅既能炒制各种菜肴，也能烧煮米、面，烤制饼等各种食物，完全可以满足大部分厨房的烹饪要求。正因为铸铁锅的许多好处，所以至今对于平常百姓家庭和大厨来说，铸铁锅仍然是做菜首选。

用铸铁壶烧水，能释放出二价铁离子，并吸附水中的氯离子，使烧出来的水更绵软、更甘甜，水感厚实，饱满顺滑，口味与山泉水不相上下，能够让爱茶的人品味到纯正的茶味，并且有很好的养生保健作用。用铁壶煮水，其蓄热能力强，保温时间更长久。用这样高温的水来泡茶，可以充分激发茶香，使人们享受到茶的本味。采用铁壶煮水，时间越久，韵味越足，大有"一壶在手，山泉常伴"的感觉。

传统的农业耕作同样离不开铸铁制品。铁犁的使用在我国已有几千年的历史，为提高农业生产力起到了不可磨灭的历史作用。传统的犁、铧、耙等铸铁农具，在我国悠久的历史进程中，大大促进了农业生产的精耕细作，使农业生产力得到了有效的提高，在大量使用农业机械的今天，铸铁元件仍然是农机具的重要组成部分，如浙江（永康）四方集团有限公司生产的手扶拖拉机等系列农机的动力柴油机缸体齿轮箱、飞轮、变速箱等，都在发挥很大的作用。现在永康正在建设现代农业装备智造园，将全力打造具有永康识辨度的高端农业机械装备产业园。

[伍] 推动了地域经济的发展

永康铸铁自产生以来，至今已有近千年的历史，长期以来都是很多永康人经济收入的主要来源，是永康五金行业的重要组成门类。发展到今天，五金制造已是永康经济的主要支柱，是永康区域经济的最大特色，并延伸扩展成为以永康为核心的永（康）缙（云）武（义）产业集群，创造了中国五金之都的发展奇迹。永康五金产品的质量、规模、品牌、科技、影响等诸多方面都正在向世界前列靠拢。中国轻工业联合会、中国五金制品协会，都全力支持永康建设世界五金之都。

就永康铸铁而言，在继承传统的同时，如浙江炊大王炊具有限公司、南龙集团有限公司等，既是本地区的龙头企业，也是全国领先的炊具制造商。他们具备良好的生产、科研、管理的条件，能够对产品进行自主研发和制造，拥有几百项国家专利，产品畅销国内外市场。永康一本堂艺术品有限公司、永康正利铁艺厂等企业生产的铁壶，入驻全国各大商场、知名茶楼，并远销日本、欧洲。铸铁制品的市场需求仍然很大，具有很好的发展前景和经济价值。

七、永康铸铁技艺的传承与保护

进入二十一世纪，永康五金技艺得以继续传承与发扬，得到了有效的保护和传承发展。以永康铸铁技艺代表性传承人为代表的永康人，努力传承弘扬优秀五金文化，做好五金文化基因解码。

七、永康铸铁技艺的传承与保护

[壹] 永康铸铁技艺代表性传承人

1. 胡志强

胡志强，1968 年生，浙江省永康市唐先镇大后村人，现为永康铸铁技艺浙江省代表性传承人、金华市工艺美术大师、永康市工艺美术协会副会长、"柳会"茶文化研究中心创始人、高级茶艺师。他是"永康十大匠人"之一，创办有永康市"十大工匠创作室·胡志强铁壶文化工匠创作室"。他创办一本堂艺术品有限公司是杭商全国理事会副会长单位。

胡志强出身于铁艺世家，他的高祖父胡璠溪于清咸丰末年创立了"一本堂"，子孙相承已有 150 多年的历史。胡志强为第五代传人，他自幼跟随祖父胡宝生、父亲胡明山学习打铁技艺，耳濡目染，深受传统文化熏陶。成年后，为了解、研究当今世界铁艺的技术和市场行情，曾游历海外。1996 年，胡志强创办永康市千扬有限公司，2000 年创办杭州德盛兴家居用品有限公司，2012 年创办杭州一本堂品牌管理有限公司，2014 年创办杭州美最时进出口有限公司，2015 年创办永康一本堂艺术品有限公司。

胡志强在指导铁壶清砂 （葛万明摄）

胡志强在指导抛光 （葛万明摄）

胡志强在继承传统的基础上，注重研究铁壶铸造技艺的改良和创新，特别强调将现代审美情趣与古法经典进行有效结合，研究恢复了蜡模铸造应用技艺，抢救性恢复保护了泥模铸造工艺。他所带领的团队研制创作的铁壶作品散发着原始自然的气息，充满着返朴归真的情愫，又不失现代审美的艺术追求，受到社会各界的一致好评。其作品《烟云铁壶》，于 2017 年 5 月获第十二届中国义乌文化和旅游产品交易博览会工艺美术奖金奖；《素朴唐釜铁壶》于 2018 年 4 月获第十三届中国义乌文化和旅游产品交易博览会工艺美术奖银奖；《雨龙铁壶》于 2018 年 9 月获第十届浙江·中国非物质文化遗产博览会（杭州工艺周）最佳设计奖；《唐釜铁壶》于 2019 年获第十四届中国义乌文化和旅游产品交易博览会工艺美术奖金奖；《野趣唐釜风炉铁壶》于 2019 年 9 月获中华非物质文化遗产传承人薪传奖传统工艺（金属工艺）大展金奖；《烟云铁壶》《夫妻文镇》于 2019 年入选中华非物质文化遗产传承人薪传奖传统工艺（金属工艺）大展；《云和铁壶》套装于 2020 年 9 月入围中国特色旅游商品大赛，同年 6 月获批为金华特色产品伴手礼。2021 年 6 月，《烟云铁壶》参加了由文化和旅游部、上海市人民政府共同主办的"百年百艺·薪火相传"中国传统工艺邀请展，其作品还被上海同济大学、浙江省非物质文化遗产馆、浙江省文化馆等单位永久收藏。一本堂品牌产品现已入驻上海东方商厦、北京老舍茶馆、杭州大厦、杭州湖畔居等全国各大商场和知名茶楼。

几十年来，胡志强从全国各地坚持不懈地收集老铁器，以印证我国铸铁技艺的源远流长，为更好地保护与传承永康铸铁技艺提供文化和实物依据。至今，他已收集到了从宋代到民国时期的铸铁制品3000多件（套），正在积极筹建中国铁器博物馆，以展示从农耕文明到现代文明时期，铁器制造技艺及使用的历史变迁。

胡志强深深懂得，"传承非遗，创新才能致

烟云铁壶 （胡志强摄）

雨龙铁壶 （胡志强摄）

唐釜风炉 （胡志强摄）

素朴唐釜铁壶（胡志强摄）

雅道唐釜（胡志强摄）

远；以人为本，才能熠熠生辉"。于是他强调，非物质文化遗产的发展必须融入时代的特点，融入现代的审美要求，融入生活，以求得到更好的传承。根据这一精神，他在继承中国传统文化的基础上，开发制作了结合现代审美要求的铁壶、铁杯、茶托、茶盘等茶文化系列套系作品，以及各种造型的夫妻文镇、印盒、笔搁等文房用品。除身体力行外，他还积极带徒授艺，现已培养了胡千扬、俞海呈、葛万明、周蕴楚、金顺根、蒋征宏等多位徒弟，组成了16人的创作团队。团队成员已经熟练地掌握铁壶、铁锅制作的全部工艺流程，同时还能将传统文化、现代审美艺术、创意设计融为一体。

胡志强多次进校园、到社区，参加各种节会，向社会宣传展示永康铸铁文化，先后在杭州银湖实验小学、杭州惠兴中学、杭州市时代小学、杭州师范大学附属中学等学校，以及杭州湖畔居茶学大讲堂、西湖 101 城市创意会客厅、杭州老浙大社区等地举行永康铸铁技艺讲座，还与浙江科技学院开展校企合作，建立了非遗传承教育基地。2018—2019 年，他参加了中国义乌文化和旅游产品交易博览会、"最忆钱塘，'庙'不可言"杭州钱塘江文化庙会活动、第十届浙江·中国非物质文化遗产博览会（杭州工艺周）、杭州首届文化消费节、非物质文化遗产代表性传承人记录工作成果展、

唐釜铁壶 （胡志强摄）

湖畔唐釜铁壶 （胡志强摄）

浙江省民间工艺系列展之"唐釜溯源"铁壶手工艺展、浙江（江苏）旅游交易会、第十三届杭州文化创意产业博览会、大运河文旅季暨第十一届浙江·中国非物质文化遗产博览会等一系列活动，

以宣传、展示永康铸铁文化，获得了行业专家和社会各界的一致好评。

2. 王林兴

王林兴，1948年生，浙江省永康市东城街道葛塘下村人。永康铸铁技艺金华市代表性传承人。

王林兴出身于铸铁世家，他的祖父王凤镯是一位手艺精湛的铸镬人。从12岁开始，王林兴跟随父亲王木央做学徒，开始学艺生涯。三年出师后，年纪尚轻的他为了继续提高技艺，到多个作坊做伙计和半作老师。1970年，22岁的王林兴前往江西万安路田铸造厂当老师，学会了当时最为先进的砂模铸镬技艺。

两年后的1972年，已经怀有一身技艺的王林兴召集了一班永康铸铁工匠，组织起了第一支自己的铸铁队伍，到江西吉水开办了葛山冶炼厂，为当地铸造民用铁锅、农业用具等，他为提振该地的地方经济，方便人们的生活、生产做出了巨大的贡献，受到了当地政府和百姓的普遍支持。

1981年，随着改革开放的春风，王林兴感受到了经济发展的大好时机，毅然回到家乡永康，成功创办了永康县长城乡葛塘下铸造厂，是我国最早的民营企业之一。随着国家政策的支持，1989年葛塘下铸造厂迁入长城工业区，更名为永康县长城铸造厂。此后，经过一系列的拓展兼并，企业规模不断发展壮大，同时不

王林兴指导徒弟做泥型 （何秋月摄）

王林兴指导徒弟刷松烟灰 （何秋月摄）

断引进先进的生产工艺和生产设备，使产品质量和经济效益都大幅度提高，企业知名度和社会影响力迅速提升。1996年，在长城铸造厂的基础上创建了浙江炊大王炊具有限公司，王林兴任董事长兼总经理，自此开始使用"炊大王"商号。1998年成功注册"炊大王"商标，王林兴的企业成功实现了从个体五金铸镬工匠，向集约化、规模化的现代型企业转化，他本人也转化成为第一代民营企业家。

随着社会经济的飞速发展，人们起居生活方式也发生了质的变化，对炊具也提出了更高的要求。根据这一社会现实，王林兴凭着多年积累的丰富铸铁经验和敏锐的市场嗅觉，在坚持传统的基础上，及时吸纳了先进的现代科学技术，将古法经典与现代科学技术有效结合，实现了铁锅铸造技术的改良和革新，于1994年制造出了第一只自主研制的无烟不粘锅，引起了强烈的市场反响，从而产生了很好的经济效益。在研制新型炊具的过程中，王林兴亦深深感到光凭自己的传统铸铁技术和经验，是很难跟上市场发展需求的。于是他带领团队率先走上了校企联合的道路，于1997年与东南大学合作，经过四年的潜心研究，成功研发出第一口防癌硒铁锅。该产品于2001年获得国家发明专利，并荣获浙江省人民政府颁发的浙江省科技进步奖二等奖，并于2010年荣获"浙江名牌产品"称号，被浙江省抗癌协会认定为推荐产品，很快享誉全国。

在形成新技术的同时，王林兴不忘将传统铸铁工艺进行改良提升，研发形成了一套自铸型到铸造的泥型压铸新模式，为泥型铸造增添了新的内容。

鉴于王林兴对永康铸铁技艺的杰出贡献，2004 年，他被推选为永康市不粘锅行业协会第一任会长。自非物质文化遗产保护工作开展以来，王林兴积极开展永康铸铁技艺的宣传、保护与推广。为弘扬、研究、宣传铸铁文化，他通过各种途径，从全国各地收集了从古代到近代的众多铸铁锅、铸铁工用具及各类铁器制品，积极筹建铸铁博物馆，并免费向社会开放。

王林兴以师带徒的方式，为永康铸铁培养造就了一批具有全套铸铁技艺的骨干队伍。迄今为止，他共有徒弟 20 多人。徒弟夏来益，永康市古山镇世雅村人，现为福建的铸造厂担任铸造顾问；胡小兵、刘期发、廖春林，现在福建的铸造厂担任技师；夏来峰，永康市古山镇世雅村人，现为永康某铸铁企业负责人。王林兴的儿子王鹏，是他的技艺传承人，现为炊大王公司董事长兼总经理和技术总监。徒弟应勇剑，为该公司副总经理、技术骨干。徒弟郑旭东为公司生产计划部经理、技术骨干。

3. 王鹏

王鹏，1980 年生，是传承人王林兴的儿子兼徒弟。现为永康铸铁技艺永康市代表性传承人、金华市劳动模范、金华市人大代表、浙江炊大王炊具有限公司董事长兼总经理、永康市"青蓝企业家"、高级经济师。

2001年，王鹏从上海复旦大学休学，返回家乡到炊大王公司上班，师从父亲王林兴学习铸造铁锅传统技艺的每一道工序，从一线工人开始，逐步成长为班长、车间主管，直到厂长。随着父亲年龄的增长，王鹏也从一个青涩的少年成长为一个成熟的企业管理和技术人员，顺理成章地接过父亲肩上的担子，成为浙江炊大王炊具有限公司的第二代掌门人。

王鹏在跟随父亲学艺的过程中，深受传统文化的熏陶。在他身上，没有年轻人的浮躁，反而承载着父辈的沉着和稳重，更兼具现代知识分子的谦虚和谨慎。20多年来，在秉承匠心制造、百年传承精神的同时，他充分运用开办企业的多元思想及销售理念，在继承传统的基础上，不断引入各种文化元素，促进企业文化转型，使炊大王公司继续成为全国领先的炊具制造企业。在秉持传统文化和工艺的同时，着重研究铁锅铸造技艺的改良和创新，注重将现代科技与古法经典实行有效结合，在其父亲王林兴所积累的铸铁锅成果基础上，先后成功研发出原生铁矿石铸铁锅、中华麦饭石不粘锅、聚能精铸炒锅、等离子炒锅等全系列健康养生炊具，从而为炊大王公司赢得了由浙江省科学技术厅、浙江省财政厅等联合评选的"浙江省高新技术企业"称号。此外,还荣获"中国不粘锅品牌""中国不粘锅十大品牌""浙江省企业技术中心""中国厨房刀具十大品牌""永康市餐厨用品行业龙头企业"等荣誉称号。2019 年 2 月荣获永康市人民政府颁发的"永康市人民政府质量奖",同年 9 月,作品"铸铁珐琅炖锅,等离子炒锅,聚能精铸炒锅"入围非遗薪传奖传统工艺(金属工艺)大展。2006 年 1 月炊大王铸铁珐琅炖锅入选为金华特色产品伴手礼,同年 6 月,炊大王锅具入选为金华特色产品伴手礼。2016 年 7 月,炊大王铁锅系列获评为第二批浙江省优秀非遗旅游商品。等离子炒锅获上海家居风尚大奖,聚能精铸炒锅获 2018 年成功设计大奖等。2019 年 11 月,炊大王公司被确定为第四批金华市非物质文化遗产生产性保护基地。

鉴于王鹏的优秀业绩,2011 年 12 月,他被推选为永康市不粘锅炊具行业协会第二届会长。同年,受邀参加了国家"无油烟炒锅"行业标准的制订。2017 年参与制订《铝及铝合金不粘锅》等七项国家标准。2019 年参与起草或修订《家用食品金属烹饪器具》等八项国家标准。2020 年参与永康市提倡的非遗五金街区的改造方案。

为更好地宣传展示永康铸铁文化,从 2016 年开始,王鹏同他父亲一道,开始创建工业旅游示范基地,经过两年的努力,炊大

王炊具有限公司于
2018 年获批为浙江
省工业旅游示范基
地。此后，炊大王
工业旅游示范基地
每年都接待来基地
参观、体验传统永

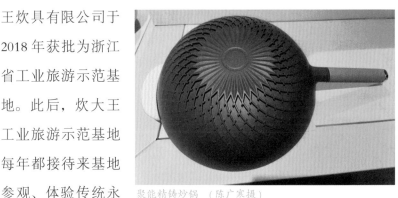

聚能精铸炒锅 （陈广寒摄）

康铸造铁锅技艺的在校学生及社会各界人士上千人次。2018 年 8
月，中国工商银行夏令营在旅游基地开营，学生们参观了公司制
锅现场，体验了解永康五金文化发展史中的铸造铁锅工艺。2019
年 3 月，永康职业技术学校师生来到炊大王工业旅游示范基地，
解读永康五金工匠精神，学习永康五金发展史。2019 年 4 月，浙
江旅游职业学院教授徐云松带领学生来到永康，参观了基地的工
艺馆、历史文化馆以及智能化制造车间生产线，实地体验了传统
技艺与现代科技相结合的永康铸铁现状。

王鹏积极响应永康市委关于"百个部门、百强企业扶百村"
活动的号召，先后以企业或个人的名义，向舟山镇捐款 3 万元，
向东城街道下大路村捐赠 5 万元，并同村干部一道探讨脱贫致富
的发展途径。此后，炊大王又与永康红十字会合作成立炊大王红
十字会，并承诺每年向红十字会捐款，定期组织员工进行无偿献

血，被永康红十字会授予"爱心企业"的称号。

随着企业科学技术的不断发展进步，王鹏于 2021 年建立了王鹏创新工作室，以适应科学技术快速发展的形势。在永康市青蓝计划中，王鹏与徒弟朱航凯、田潇结成师徒，在继承传统文化及工艺的基础上，着力于现代科技的运用与发展，努力争取在继承与发展中实现更高的目标。

[贰] 永康铸铁技艺存续现状

根据现存的相关资料，永康铸铁的源头基本可以锁定在南宋时期。据此说来，永康铸铁技艺已经有了上千年的传承历史。千百年来，永康铸铁工匠背井离乡，远走他乡讨生活，足迹遍及东南各省，他们凭着精湛的技艺和简陋的铸铁设备，为当地铸造出各种铸铁制品，影响着大半个中国的生活和生产，声名远扬，也为永康带回可观的财富。然而，随着岁月的流逝，进入 21 世纪，社会经济和科学技术的高度发展，使人们生活水平得到了普遍提高，居住环境发生了根本性的改变，加之老一辈铸铁艺人相继谢世等因素的影响，传统的永康铸铁经营模式及其较为单一的产品，已经很难适应现代生活和生产的需求，致使当年曾经遍及我国东南各省的永康铸铁作坊逐渐销声匿迹。究其原因，大致有以下几个方面。

1. 生活环境的改变

在 20 世纪 80 年代之前，我国大部分的人都居住在农村，过着日出而作、日落而息的传统农耕生活。住的是老旧的砖瓦房或土坯房，一日三餐也没有什么讲究，能填饱肚子即可。每家每户砌一座泥土灶，安上一至四口大小不一的铸铁锅，大锅仅限于做豆腐、蒸糕粿，或宰杀过年猪时烧煺毛汤、烙猪血等时用，平时煮米饭、烙饼、炒菜等，都在中小锅中进行。灶下以木柴或杂草作燃料加热，油料也用得少，所以也就少有油烟的困扰。改革开放后，经济得到了高速发展，人们的生活水平得到了空前的提高，社会整体结构发生了巨大的变化。农村耕地逐步减少，农业生产经济效率低，促使大量农村人口向城市转移，加快了城镇化的进程。无论是城市或乡村，人们普遍地从传统的老房子搬迁进了钢混结构、装潢考究的半封闭式的高层楼房。新型的居住环境，促使人们逐渐改变传统的生活习惯，燃气灶代替了泥土灶，轻巧、小型、环保、健康、美观成为炊具的必然要求。因此，传统的铸铁锅被无情地排挤出了绝大部分家庭的使用行列，无油烟锅、不粘锅等一系列符合现代生活要求的新型铸铁锅应运而生。

2. 现代科学技术的影响

传统的作坊式铸铁经营模式，为劳动密集型产业，劳动强度非常大，从造型、熔铁、浇注到脱模修饰等全套工序，工人们连续几天，甚至一连半个月都得不到休息。特别是开炉时，火不能灭，炉不能停，连续七八天都是在高温状态下进行高强度劳作，一灶炉下来，汗水和灰尘粘在一起，整个人都变成漆黑一团。落后的生产设备和生产形式，致使生产效率低下，在未有市场概念的年代，产品的销售只停留在满足一个特定地域的狭隘概念上，从而极大地约束了生产规模的扩大、生产设备的改进与提高。而受生产经营规模较小的约束，传统铸铁模式很难进行资金、人力、技术等要素的整合。在科学技术成为第一生产力的今天，作坊式的铸铁经营模式，显然已经跟不上时代发展的步伐，亟需进行转型升级，走规模化、集约化的科学发展道路。

3. 受环境保护的约束

传统铸铁工艺用冲天炉熔铁，以硬木炭或焦炭做燃料，火光大、烟雾重、灰尘浓，在没有建设脱硫、除尘、去烟等配套设施的情况下，必然会对周边的环境带来较大的污染，也会给现场操作工人的身体健康造成一定的危害。绿水青山就是金山银山，在环保越来越受重视的今天，人们逐渐认识到，发展经济不能以破坏环境为代价。2014年，永康市委、市政府下文，对永康市内铸造行业进行了全面整治提升，生产经营规模大的铸造企业要通过整改，更新设备，达到卫生、安全、节能等相关要求，企业若有设备落后、无环保处理设备、卫生防护条件不够的情况，对周边地区污染严重，即通过关停、转产、整合提升等措施加以处理。

[叁] 永康铸铁技艺保护成效

（1）自非物质文化遗产保护工作开展以来，永康市文化职能部门，及时将永康铸铁（铁锅、铁壶）铸造技艺列为重点调查研究项目，多次对传统铸铁专业村、老一辈铸铁艺人及重点铸铁企业深入调查采访，挖掘收集该项目的历史渊源、发展脉络、传承形式等内容的相关资料，整理成文字，并充分运用录音、录像、摄影等形式形成档案资料，建立了初步的档案库。

（2）根据永康铸铁技艺悠久的历史、深厚的文化内涵，积极组织相关资料进行逐级申报。于 2015 年 4 月成功将永康铸铁项目批准列为永康市第六批非物质文化遗产代表性项目，同年 5 月被批准列为第六批金华市非物质文化遗产代表性项目，2016 年 12 月被批准列为第五批浙江省非物质文化遗产代表性项目。2021 年 6 月，永康铸铁（铁锅、铁壶）获批为第五批国家级非物质文化遗产代表性项目。2016 年 5 月和 2019 年 11 月，永康一本堂艺术品有限公司和浙江炊大王炊具有限公司分别被确定为金华市生产性保护基地。2015 年 9 月，胡志强被认定为第三批非物质文化遗产永康铸铁项目永康市代表性传承人，同年 11 月被认定为金华市代表性传承人，2017 年 12 月被认定为浙江省代表性传承人。王林兴于 2019 年 6 月被认定为第五批非物质文化遗产永康铸铁项目永康市代表性传承人，同年 12 月被认定为第五批金华市代表性传承人。王鹏，于 2022 年 1 月被认定为第六批非物质文化遗产永康铸铁项目永康市代表性传承人。

（3）做好永康铸铁项目文化基因解码，通过对永康铸铁项目的物质要素、精神要素、制度要素及相关习俗等文化元素的深入分解，提取出永康铸铁技艺"吃苦耐劳、开拓拼搏、精工善艺、积极进取的品格，学艺成才、精益求精、团结协作、服务社会的传统风格"，以及"造型典雅、美观大方、坚固实用、品种多样、因地制宜、符合民意"的永康铸铁技艺风格基因，并对永康铸铁技艺的生命力、凝聚力、影响力、发展力作出了恰当的评价，对永康铸铁技艺文化基因转换为文旅产品项目进行了策划。

（4）积极开展对外文化交流、宣传展示活动。进入 21 世纪以来，永康铸铁项目多次参加全国性非遗、工美、文化等形式的博览会，大大地提高了永康铸铁产品的知名度和影响力，同时赢得了多项荣誉。一本堂作品《烟云铁壶》获 2017 年第十二届中国义乌文化和旅游产品交易博览会工艺美术奖金奖；《素朴唐釜铁壶》获 2018 年第十三届中国义乌文化和旅游产品交易博览会工艺美术奖银奖；《雨龙铁壶》获 2018 年第十届浙江·中国非物质文化遗产博览会（杭州工艺周）最佳设计奖，《唐釜铁壶》获 2019 年第十四届中国义乌文化和旅游产品交易博览会工艺美术奖金奖，《一本堂铁壶套装》获 2019 年非遗薪传奖传统工艺（金属工艺）大展金奖等。

炊大王公司作品"竹青石系列产品"获 2020 年 If 设计大奖及广交会出口产品设计奖银奖,"芦荟节能炒锅"获 2020 年广交会出口产品设计奖金奖;"煲仔锅"获广交会出口产品设计奖银奖等。

炊大王炊具有限公司,在创建浙江省工业旅游示范基地后,每年都接待多批次在校学生和社会各界人士前来参观学习,体验永康铸铁文化,了解永康五金工匠精神和永康五金发展史。

(5)为更好地弘扬、研究、传承永康铸铁文化,通过各种途径,收集自宋代到民国时期包括铁镬、铁壶、油灯、佛像、砚台、香炉、茶碾、马镫、药臼、药船、茶盘、熨斗、铁锁、犁头、犁壁等铸铁制品,以及各式铸铁工具 4000 多件(套),为正式建立永康铸铁博物馆和炊具博物馆打下了坚实的基础工作。

[肆]保护规划

(1)继续加强保护力度:作为国家级非物质文化遗产代表性项目的永康铸铁技艺,是历史留给我们的宝贵财富,加强对它的保护、传承与发展,是我们这一代人义不容辞的责任。在巩固已取得的初步成果的基础上,我们将继续深入挖掘、搜集、整理关于永康铸铁起源、传承、演变、发展的历史,以及经营模式、技术特点等内容的相关资料,充分运用文字记录、录音录像等方式,进行较为全面的档案整理,以进一步完善档案库。

（2）继续加强铸铁技艺和文化传承，深化校企合作。浙江工业大学永康五金技师学院，是永康市首家职业学院，是以培养五金机电工程技术和经贸管理应用人才为主的新型学院。中国科技五金城集团有限公司是永康市专业五金市场集团，现已成为全国最大的五金专业市场、国家经贸委重点联系的批发市场、浙江省重点市场等，经营日用五金、建筑五金、工具五金及机电设备、金属材料、装饰建材等 19 大类、数万种五金及相关产品。以上两单位将合作建立永康铸铁传承教学基地，以培养造就新的永康铸铁传承人。

（3）继续深化理论研究，在参与起草、制定《无油烟炒锅》《铝及铝合金不粘锅》《餐饮具质量安全控制规范》《家用钢制锅具》《烘烤加工食品用器具》等国家标准及行业标准的基础上，起草《铁壶行业标准》，并报相关职能部门备案，以填补行业标准空白。

（4）继续系统收集历代铸铁制品及铸铁相关工器具，为正式建立永康铸铁博物馆提供更加扎实、完备的物质基础。博物馆将以民办为主，政府补贴为辅。建成后的博物馆，将较为完善地展现各个历史时期的铸铁器具实物和文字资料，做到实物丰富、文字清晰、时代感强，并向社会全面开放，方便大众了解、研究永康铸铁传统手工技艺和历史文化，现代铸铁技术发展演变的过程，充分展现永康铸铁文化的魅力。

（5）认真编写浙江省非物质文化遗产代表作丛书《永康铸铁技艺》，以详实的资料，较为系统地介绍永康铸铁的历史渊源、传承发展脉络、工艺流程、存在现状及保护成果等内容，并以图文并茂的形式，向广大读者展示永康铸铁人开拓奋进、精工善艺、与时俱进的精神风貌，以丰富永康五金文化内涵。

[伍] 发展与展望

特殊的地理环境，促使永康人自古以来就多走学艺成才之道，久而久之，便有了"千秧八百，不如手艺伴身"的信条。虽然永康本身没有金属资源，却对五金技艺情有独钟，成为著名的"中国五金工匠之乡"。改革开放40多年来，永康民营企业如雨后春笋，不断涌现，有数以万计之多，绝大多数都与有色金属结缘，有的规模不大，有的已成为上规模的企业，为永康的经济发展作出了很大的贡献。

进入21世纪以来，永康五金技艺得以继续传承与发扬，"永康锡雕""永康铸铁（铁锅、铁壶）""永康打金（银）工艺""永康铜艺""永康打铁技艺"先后被认定为国家级或浙江省级非物质文化遗产代表性项目，从而得到了有效的保护和传承发展。永康制造，尤其是传统的小五金不断地向现代五金转化，包括铁锅、铁壶在内的从小型到大型、从简单到复杂的永康五金产品，琳琅满目，应有尽有。永康正在成为中国五金产品生产、销售的集散地，永康五金产品行销世界，其中不锈钢保温杯、电动车产量和出口量居全球第一，十多种五金产品销量居全国之最，一百多种产品销量居全国前三，永康是全国最大的安全门、电动工具、农用拖拉机、柴油机、铁锅、铁壶的生产和出口基地。

从粗放走向精致，从低端走向高端，从品牌走向名牌，从赚快钱走向打造知名企业，永康五金走过了一段艰苦打拼的路程。尽管"挑着行担走四方，翻山涉水在异乡"、走村串巷、背井离乡讨生活的时代早已过去，新时代的永康手艺人，依然发扬着"吃苦耐劳、开拓拼搏、精工善艺、努力进取"的品格，秉持着精益求精的工匠精神，正在从质量、规模、品牌、科技，影响力等诸多方面，努力向世界最高水平靠拢，信心百倍地把永康打造成世界五金之都。为了实现这一目标，永康市委、市政府努力传承弘扬优秀五金文化，做好五金文化基因解码，提炼"百年锤炼、精益求精""义利并举、务实创新"等核心价值观，推动发展中国金属艺术，筹建金属艺术馆，组建中国五金之都艺术委员会，开展金属艺术大师评选，保护和弘扬五金非物质文化遗产项目，并通过戏剧、故事、鼓词等形式，推出聚焦五金文化核心价值的演艺作品，促进永康五金制造向更高、更精的方向发展。

永康铸铁技艺，定能在现有的基础上，实现科技进步，让产品影响力辐射到更远的地方。

后记

　　永康铸铁技艺具有悠久的历史，永康是我国主要的民间铸铁行业生产基地之一。然而，在过去重农轻工的耕读时代，往往只把农业当作"本"，而将工商各业视为"末"。故而在浩瀚的史册、方志、家族宗谱中都鲜有提及工商业的情况，或者虽有所记载，也只有是片言只语略略带过，没有详尽的记述。近代以来，随着社会经济和科学技术的发展，永康铸铁无论是组织形式、生产工艺、产品结构等都发生了巨大变化，传统的镬炉作坊逐渐销声匿迹，而是发展成为较为现代的生产企业，致使许多传统元素成为老一辈铸铁人的记忆。因此，要对永康铸铁行业的历史发展脉络、传统工艺流程及其组织形式等进行全面、系统的梳理就显得相当困难。

　　为编撰好本书，我们查阅大量历史资料，从少得可怜的材料中，寻找一些可用的蛛丝马迹，还有考古出土和民间收藏的文物。又深入走访传统的铸铁专业村，采访铸铁行业老手艺人，倾听他们对铸铁生涯的追忆介绍，同时大量走访现在的知名铸铁企业，了解他们的发展历程，了解在继承传统的基础上，他们如何进行技术更新以及目前的生产规模、产品特色和销售渠道等。经过努力，我们终于获得了较为系统的有关永康铸铁的宝贵资料，为编撰本书打下了基础。

在本书编撰过程中，永康市文化广电旅游体育局及其所属文化遗产保护中心给予了多方面的大力支持和帮助，施一军局长为本书作序；永康市非遗中心原主任吕美丽、国家级非物质文化遗产代表性传承人盛一原，多次陪同采访铸铁老手艺人和铸铁企业；市文保中心俞洁等人为本书文字录入、插图等付出辛勤劳动；何秋月等人为本书提供了照片；浙江炊大王公司铸铁老艺人王林兴、企业法人王鹏，永康一本堂艺术品有限公司企业法人胡志强，永康正利铁艺厂企业法人董永正等，对本书的采访给予了热情支持，并提供了许多资料。浙江省非遗专家组成员童力新认真审稿，并提出了许多宝贵的修改意见和建议。值此成书之际，谨向为本书编撰提供支持和帮助的单位和个人致以崇高的敬意和衷心的感谢！

为编写本书，虽然付出了很大的努力，终因史料缺乏、资料不全，加之本人才疏学浅，时间仓促，其中仍难免会有偏颇和讹漏，祈望得到方家和读者的指正。

编著者

2023 年 1 月

图书在版编目（CIP）数据

永康铸铁技艺 / 陈广寒编著 . -- 杭州 : 浙江古籍
出版社 , 2024.5
（浙江省非物质文化遗产代表作丛书 / 陈广胜总主
编）
ISBN 978-7-5540-2847-6

Ⅰ . ①永… Ⅱ . ①陈… Ⅲ . ①铸铁件—铸造—介绍—
永康 Ⅳ . ① TG25

中国国家版本馆 CIP 数据核字 (2023) 第 253711 号

永康铸铁技艺

陈广寒　编著

出版发行	浙江古籍出版社
	（杭州市环城北路177号　电话：0571-85068292）
责任编辑	黄玉洁
责任校对	吴颖胤
责任印务	楼浩凯
设计制作	浙江新华图文制作有限公司
印　　刷	浙江新华印刷技术有限公司
开　　本	960mm×1270mm 1/32
印　　张	4.625
字　　数	86千字
版　　次	2024 年 5 月第 1 版
印　　次	2024 年 5 月第 1 次印刷
书　　号	ISBN 978-7-5540-2847-6
定　　价	68.00 元